科学家给孩子的
12 封信

动物与人那些事

郭耕 著

中国大百科全书出版社

图书在版编目（CIP）数据

动物与人那些事 / 郭耕著. -- 北京：中国大百科
全书出版社，2021.1
（科学家给孩子的12封信）
ISBN 978-7-5202-0867-3

Ⅰ. ①动… Ⅱ. ①郭… Ⅲ. ①动物－青少年读物
Ⅳ. ①Q95-49

中国版本图书馆CIP数据核字(2020)第241212号

动物与人那些事

出 版 人	刘国辉
策 划 人	刘金双　朱菱艳
责任编辑	海艳娟　杜乔楠
特约编辑	王　艳
插图绘制	谭雨浩　北京无限萌文化传播有限公司
设计制作	锋尚设计　郑若琪　张倩倩
责任印制	邹景峰

出版发行	中国大百科全书出版社有限公司
	（北京市阜成门北大街17号　邮编：100037　电话：010-88390759）
印　　刷	北京市十月印刷有限公司
开　　本	880mm×1230mm　1/32　印　张　6.5
版　　次	2021年1月第1版　印　次　2021年1月第1次印刷
字　　数	73千　书　号　ISBN 978-7-5202-0867-3
定　　价	35.00元

初时，动物为神，

人们在伟岸的图腾柱下寻求庇佑。

渐渐地，动物走下神坛，

成为人们的得力助手与贴心好友。

无论是日常生活还是科学发展，

动物与人息息相关。

然而，欲壑难填，以动物为靶，

人们推倒了灭绝的多米诺骨牌，

打开了病毒的潘多拉魔盒。

穿山甲、蝙蝠、果子狸，

人人谈之色变。

动物究竟是什么？

郭耕告诉你，

动物不是神、恶魔或工具，

只是我们的地球邻居，

仅需要一方自由家园。

尊重大自然，保护生物圈，

动物与人才能永远相生相伴。

目录

给孩子的12封信

动物与人那些事

动物为"疫"

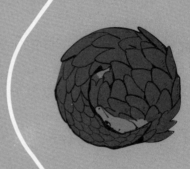

- 新冠肺炎与穿山甲
- 「非典」与果子狸
- 阴魂不散的鼠疫
- 人与动物是何关系

鼠年伊始，新冠肺炎疫情暴发，深刻地影响着每个人的生活，相信你也不例外。你有没有想过，是谁造成了这场灾祸？有人把"枪口"对准了动物。的确，人类的传染病70%以上都发源于动物，如鼠疫。但是，这真的是动物的错吗？

新冠肺炎与穿山甲

2020年的寒假是你度过的最长寒假了吧？但这不是美梦，却是一场噩梦。随着春节渐近，新冠肺炎也如魔鬼般迅速而无声地来到人们身后，张开血盆大口……

2019年12月以来，湖北省武汉市部分医院陆续发现了多例有华南海鲜市场暴露史的不明原因肺炎病例，后来证实为2019新型冠状病毒感染引起的急性呼吸道传染病，即新型冠状病毒肺炎（简称"新冠肺炎"）。好在武汉封城，万众隔离，国家派出大批白衣战士，付出大量的人力、物力、财力，救援武汉，终于使大疫危机逐渐在武汉、在湖北、在全国得到遏制。

经过一段时间的调查研究，世界卫生组织发布报告，称2019新型冠状病毒应是源自自然界，其生态起源可追溯至蝙蝠种群，然后通过另一种动物种群传播给人类。这种中间宿主有可能是家畜，也有可能是野生动物。人们在顺藤摸瓜寻找病源的过程中，将视线锁定在穿山甲身上。

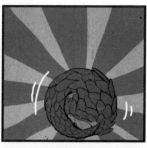

全世界共有 8 种穿山甲,其中 4 种分布在亚洲,另外 4 种分布在非洲。虽然穿山甲已经在地球上生活了 4000 多万年,但我们对它们知道得还很少,最熟悉的是曾在中国广泛分布的中华穿山甲。作为夜行性动物,穿山甲全身布满鳞片,这身天然的"铠甲"就是它们生存的依靠。只要有危险,穿山甲就会缩成一团,变成一个紧闭的球,身上的鳞片仿佛锁子甲一般牢牢保护着它们。大自然的捕食者几乎不可能弄穿这层硬壳,它们甚至可以抵御狮子、老虎、豹子这些顶级猎手的牙齿。

穿山甲喜食白蚁,是山林"卫士"。穿山甲觅食的洞穴往往较浅,它们不会把一个蚁穴斩尽杀绝,而是会吃一半剩一半,使剩下的蚁群仍能繁育下去。令人惊讶的是,穿山甲的食物范围超过 70 种蚁类。也就是说,穿山甲是生态链中重要的掠食者,可以调控蚁群数量,从而影响整个生态环境。不仅如此,穿山甲废弃的洞穴往往会成为陆龟、啮齿动物、獾等小型兽类的庇护所。

可悲的是,穿山甲是世界上被走私、贩卖最多的哺乳动物。据世界自然保护联盟统计,在过去 10 年中,一共约有 100万只穿山甲被捕杀、贩卖,相当于每 5 分钟就有一只穿山甲被捕捉!而带来杀身之祸的,正是它们身上的"铠甲"。因为据说穿山甲的鳞片可以通乳,有助于养生,因此它们被当作珍贵的药物。而后来研究证明，穿山甲的鳞片成分并没有特别之处，跟人的指甲、头发成分没有太大区别。不法商人为了自己的利益，利用中医和营养学的噱头，强行编造出穿山甲肉、鳞、胎、血的保健作用。难道是谣言让穿山甲陷入危机的吗？恐怕还是由于人们破坏穿山甲的栖息地，以及出于猎奇、炫耀心理大肆捕杀穿山甲。

据中华穿山甲的研究专家吴诗宝估计，从20世纪60年代到2004年，中华穿山甲共减少了88%～94%，由常见动物变成了极危物种。为了加大对穿山甲的保护力度，2020年6月，中国将穿山甲的保护级别由国家二级提升到国家一级。

因为中国国内穿山甲数目的急剧减少，盗猎者甚至把目光

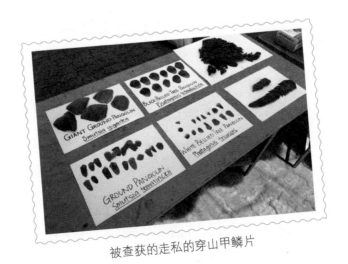

被查获的走私的穿山甲鳞片

投向了非洲，连食性相似的食蚁兽也遭了殃。讽刺的是，在中华大地难以再见到中华穿山甲的情况下，盗猎者成了见过野生穿山甲最多的人，与之相比，很多生物学家和保护人员从来没有在野外见过活着的穿山甲。我们对于穿山甲的了解是如此之少，甚至都不知道它们的野外寿命有多长。它们往往活不到老死，就被盗猎者带走了。

2019 新型冠状病毒的中间宿主是不是穿山甲，目前尚无定论，但肯定的是，穿山甲不会主动来请你吃它们，主动的总是人类。

当今人类新发传染病的 80% 左右与野生动物有关，要尽量少养野生动物，更不能吃野生动物。如果我们真的触发了野生动物身上的病菌"按钮"，就无异于开启了潘多拉魔盒，推倒了罪恶的多米诺骨牌。

动物名片

穿山甲

拉丁学名：*Manis pentadactyla*

别　　称：龙鲤、钱鳞甲等

分　　类：鳞甲目穿山甲科穿山甲属

分　　布：中国、印度、泰国等地

"非典"与果子狸

你大概没有经历过 2003 年"非典"的特殊时期，与新冠肺炎一样，那也是一场举国震动的灾难。

2003 年 4 月 16 日，世界卫生组织正式确认冠状病毒的一个变种是引起重症急性呼吸综合征（SARS），即我们所说的非典型肺炎的病原体。科学家们将其命名为"SARS 冠状病毒"。SARS 是一种起病急、传播快、病死率高的传染病。

中国农业部动物冠状病毒疫源调查组采集了 59 种动物共1700 份动物样品进行检测，认为 SARS 冠状病毒或类 SARS冠状病毒可能存在于部分野生动物体内。

果子狸先成为众矢之的。你认识果子狸吗？它的学名称花面狸，因其面带白纹。而因为它们爱吃果子，故又名果子狸。果子狸生活在多丘的森林、灌丛，夜行，树栖，以洞为穴，以果为食，特别爱吃山桃、猕猴桃等，兼食啮齿类、两栖类、鸟类及昆虫。别看杂食，其实它们是灵猫一类的动物。最稀罕的是，灵猫科的动物多见于中国南方，在北方，尤其在北京，就仅有果子狸秦巴亚种这孤独的一支。

因为在果子狸身上检测到了SARS冠状病毒，于是人们不分青红皂白地屠杀了上万只果子狸。

后来经过仔细研究，人们发现中国北方的果子狸身上并未携带类SARS的冠状病毒，只有广东地区，那年冬天的果子狸身上携带着这类病毒。这表明果子狸可能只是病毒的一种中间宿主，并非其源头。那么罪魁祸首到底是谁呢？不久，研究人员从中华菊头蝠身上检测到了这种病毒，证实中华菊头蝠才是SARS冠状病毒的源头，是中华菊头蝠把病毒传给猪，传给果子狸，也传给人的。果子狸是被冤枉的！

中华菊头蝠

换一个角度，即使果子狸就是SARS冠状病毒的携带者，它们也不该成为替罪羊。即使果子狸因你吃它而把身上的病毒传染给了你，责任也不在它，因为，它没找你，没招你，而是相反。

"非典"期间，大家谈果子狸色变，可"非典"还没过，饕餮之徒们就又大快朵颐起来。乱吃野味的人明知故犯，咎由自取，还危害全社会。所以，应该被大力整治的是那些野味经营者、饕餮者，而非受害者果子狸。

🐾 动物名片

花面狸

拉丁学名：*Paguma larvata*

别　　称：果子狸、玉面狸、青鼬等

分　　类：食肉目灵猫科花面狸属

分　　布：孟加拉国、不丹、中国、印度等地

阴魂不散的鼠疫

鼠疫是由鼠疫杆菌感染引起的烈性传染病，属国际检疫传染病，也是中国法定传染病中的甲类传染病，在40种法定传染病中位居第一。你该知道它有多厉害了吧？

鼠疫为自然疫源性传染病，主要在啮齿类动物间流行，鼠、旱獭等为鼠疫杆菌的自然宿主。鼠蚤为传播媒介。鼠疫的传染性强，病死率高，在世界历史上曾有多次大流行，在中国20世纪中期前也曾多次流行，目前已大幅减少，但在中国西部、西北部仍时有散发病例。

鼠疫的传染源为鼠类和其他啮齿类动物，其中褐家鼠和黄胸鼠是主要传染源。野狐、野狼、野猫、野兔、骆驼和羊等也可能是传染源。人们对于鼠疫普遍易感，没有年龄和性别上的差异。疫区的野外工作者及与旱獭密切接触的猎人、牧民是高危人群。

褐家鼠

欧洲中世纪鼠疫题材的绘画

　　旱獭等野生动物是否携带鼠疫杆菌，本来与人类没有关系。野生动物既没有定居在城市，也不爱和人做伴。它们大多天生胆小，见人就躲，见人就跑。可是，人类却见其就抓，见其就打，见其就吃。野生动物对人类，历来是采取"逃避策略"，但从另一个角度说，躲着人的结果是保护了人。毕竟野生动物寄身荒野，身上有很多病原体，但作为宿主，它们长期以来已与病原体形成势均力敌的平衡关系，很多病原体在动物身上是不会致病的，如鼠疫杆菌之于旱獭，艾滋病病毒之于绿猴，埃博拉病毒之于猿猴……

论理，动物们作为病原体宿主，是在替人受过。只要你对动物敬而远之，就不用担心被感染。我倒赞同那句话："距离产生美，也产生安全。"或说："爱我，就别理我！"

可是一些人偏偏置天理、国法于不顾，像恐怖分子似的追杀动物。可你知道吗？当这些动物的生命结束之日，便是其身上的病毒、细菌开始转移之时，屠杀动物的人类，便自然而然地成了它们寻找的新宿主，这不是咎由自取吗？

14世纪欧洲鼠疫暴发，英国人曾迁怒于狗，见狗就杀，后来证明是错的。然而，人们并没有以史为鉴，"非典"时期怪罪果子狸，新冠肺炎疫情期间又怪上了穿山甲、蝙蝠等。

动辄迁怒异类，欺凌弱者，是虚弱和卑鄙的表现。与其如此，不如大大方方地承认错误，亡羊补牢。

🐾 动物名片

草原旱獭

拉丁学名：*Marmota bobak*

别　　称：内蒙旱獭、西伯利旱獭等

分　　类：啮齿目松鼠科旱獭属

分　　布：中国、蒙古国等地

人与动物是何关系

有人爱把传染病的肇事者当成动物，我与动物相伴 30 年，与猴共舞，与鹿共舞，与鸟共舞，也没有染上什么病，为什么？因为我是在保护动物，而不是伤害动物。

人和动物共存于这个星球已达上百万年，人和动物的关系根深蒂固、千丝万缕。

人类本身就属于动物，人类在进化过程中，就像离不开水和空气一样，始终离不开动物。在饥寒交迫的岁月，原始人是通过逐渐学会利用动物，才得以果腹和御寒的，可以说，动物改变了人类生活。动物与人类的关系多种多样、天长地久。

但是，随着在自然界中地位的提升，人类似乎越来越不屑于与动物为伍，甚至生杀予夺，为所欲为，以怨报德，使地球上大量的同样需要生存空间、同样是血肉有情之物的动物背井离乡、"妻离子散"。工业革命以来，已有上千个动物物种灭绝，每年还有上百亿只动物惨遭杀戮。这一切，皆由人类所为。

动物的需求是生存，可是人类却为了可有可无的欲望而毁灭生存。我们是否该扪心自问：面对果子狸、穿山甲、蝙蝠等各种动物，我们到底做了些什么？不是抓就是杀，不是买卖就是虐待，不是囚禁就是吃……马克·吐温说得没错："人类是唯一会脸红的动物，或是唯一该脸红的动物。"

让我们小手拉大手，善待动物，控制欲望，重新调整、修正我们与动物的关系，保持我们与动物之间的安全距离吧！只有以正确的方式尊重、爱护动物，我们与动物才能和谐与共。

郭耕与麋鹿

动物
为神

远古时期，我们的祖先还没有什么厉害的工具、武器，牙尖爪利的动物们在他们眼中个个身手不凡。人们将动物们奉为天神，作为图腾来崇拜。直到现在，人们的文化中依然有动物为神的影子。

最初的动物崇拜

你在看电视的时候，是否会觉得飞奔的猎豹太帅了，真酷？其实，原始人的动物崇拜也多少出于这种心理。早期，原始人由于自身能力有限，跑得不够快，跳得不够高，下水不善游，上天不会飞，爪和牙更不如大多数动物那么尖利，于是他们把动物们作为图腾来崇拜，希望自己能得其护佑，获得鸟兽的能力。古人多是对孔武有力的动物顶礼膜拜，更认为不同的部落源于不同的动物，如古老的印第安人有狼族、鹿族、熊族、鹰族……随着国家的出现，动物崇拜渐成宗教，动物便获得了神的称号。

伫立在蓝天下的鹰图腾木杆

古波斯、古希腊和非洲黑人部落都不约而同地把母牛奉为神祇；牛、羊、猫、狗、河马、狒狒、苍鹭、鳄鱼乃至屎壳郎都被埃及人视若神明；在笃信生命轮回、众生有灵的印度，被敬奉为神的动物更是难以计数：牛、羊、野猪、孔雀、乌鸦、麻雀、大象、猴子、老虎、乌龟、游鱼……甚至连毒蛇也是神——其中有生殖崇拜的寓意，也源自人们对于蛇总是神出鬼没的讶异。在印度人的观念中，动物或是逝者灵魂的寄主，或是天神降世的化身。

事实上，古人对动物的崇拜，无不折射出动物对人类文明的巨大贡献。动物为神，古今皆然，无论东方、西方，都出现过被人们视若神明的动物，近代英国与西班牙争夺直布罗陀时，英军还将直布罗陀猿视为吉兆。对动物的信仰，早已根植于人们的心灵深处，表现于不同的民俗文化之中。

动物名片

地中海猕猴

拉丁学名：*Macaca sylvanus*
别　　称：巴巴利猕猴、叟猴、直布罗陀猿
分　　类：灵长目猴科猕猴属
分　　布：阿尔及利亚和摩洛哥

印度神牛真"牛"

　　印度因其古老神秘、盛产宝石而被誉为"月亮之国"；又因其版图形如牛首，且举国敬牛如神，而被称为"牛颅之国"。1997年，我有幸去印度参加世界自然基金会安排的环境教育国际培训，用我的话说就是"上西天取了一次经"，取的是自然保护之经。从8月到11月，虽然酷热难耐，但令我感受最深的是那里浓厚的宗教氛围，以及由宗教文化决定的人与自然，特别是人和动物那种亲密，甚至是神秘的关系。

　　我早就听说印度的牛非常多，城镇、乡村随处可见，这次身临其境，果然名不虚传，不禁由衷地赞叹："印度的牛真'牛'！"印度无处不在的牛不仅数量极多，而且地位很高，简直到了"横行霸道"的程度。在印度，牛被奉为圣物，严禁屠杀，还受到法律的保护，在印度，人是吃不着牛肉的，但可以常常喝牛奶。

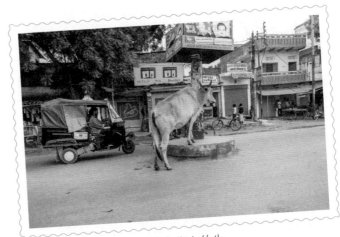

印度大街上的牛

在大街小巷有一种称作瘤牛的牛到处闲逛，这种牛肩上有瘤状突起，如同驼背。它们体毛乳白，双角高翘，两耳下垂，颈下垂肉晃来晃去，走起路来昂首阔步，八面威风，俨然一个个牛魔王下世。但它们脾气平和，从不轻易攻击人，不过它们也不把公路上来往疾驰的汽车放在眼中，似乎知道没人敢碰它们。它们白天逛马路，在路旁吃草，夜晚干脆巨石般地卧在马路中央，成为印度大街上不可或缺的一景。在印度住了些日子后，我发现印度人对这些牛也持不同态度，有送吃送喝、敬牛爱牛的；也有提出异议、要求驱牛的。我见到一些司机的车上常备一根竹棍，遇到"神牛"挡道，竟抡棍驱赶，但多数司机只是鸣笛示意，等牛不紧不慢地让道后才一踩油门，"擦"牛而过。

　　看到满街四处游荡的牛，我当初以为它们就像松鼠、八哥那样没有归属呢，后来问及印度同事，人家说当然有主人了，主人必须帮着挤奶，但饲喂、繁殖都不必操心，因为大街就是大牛圈，牛走到哪儿吃到哪儿，走到哪儿拉到哪儿，甚至走到哪儿生到哪儿。主人乐得清闲，牛儿充分自由，多好哇！好是好，只是牛多草少，害得这些牛在大街上可怜兮兮地找吃找喝，在垃圾堆里翻来翻去，什么瓜皮烂叶，甚至连报纸都吃，以至于我们见到此情此景便戏言："看，印度的牛多有水平，还会读报呢！"

🐾 动物名片

瘤牛

拉丁学名：*Bos indicus*

别　　称：犎牛

分　　类：偶蹄目牛科牛属

分　　布：印度、巴基斯坦、巴西等

　　这些牛既然生于大街、长于大街,当然就不怕人,也不会去威胁人,大家相安无事。只是有一次我见到路边一头母牛分娩,小牛软软地摊在地上,母牛一拱一拱地尽舐犊之情,我觉得这个感人场面十分难得,便拿着照相机靠了过去。不料,母牛一反常态,双目圆睁向我冲来,吓得我夺路而逃。看来,牛生孩子与人生孩子一样,都是瞧不得的。

　　印度人民普遍信奉印度教,印度教教民占人口90%以上,其次为伊斯兰教、耆那教,佛教居少数。印度教主张万物有灵的泛神论,把许许多多大山大河、动植物都敬奉为神,或将其视为精神寄托,形成了人与自然紧密联系的梵文化。印度的钱币上印有三种动物:虎、犀和大象,国徽上有四种动物:雄狮、大象、骏马和公牛,处处体现出人对自然的崇敬、感恩之情。

孙悟空竟来自印度

你如果去印度，会见到一种尾巴很长的猴子，它们是长尾叶猴。长尾叶猴是印度最普通的一种猴，也是体形最大的一种叶猴。它们体态修长，头小面黑，双耳尖耸，长尾高翘宛如旗杆，可达1米以上。《西游记》中美猴王孙悟空变幻多端，却常常忘记收起尾巴的情节，使我顿时联想到长尾叶猴。事实上，它们的确有一些渊源。

印度的长尾叶猴

《罗摩衍那》中的神猴哈奴曼

　　长尾叶猴自古与印度人相伴，早在公元前5世纪，著名史诗《罗摩衍那》中的一个重要角色——神猴哈奴曼，便是长尾叶猴的化身。传说神猴哈奴曼为印度人民除暴安良，立过大功，所以被奉为神，受到敬重。据考证，吴承恩的《西游记》取材于《大唐西域记》，这是唐代高僧玄奘西行印度后写的回忆录。那么，关于孙悟空的形象源于印度的神猴哈奴曼的说法，便有一定的说服力了。

　　中国境内也有长尾叶猴，但仅仅限于西南一隅，动物园中饲养的很少。我见过许多种猴子，非洲的、南美的、亚洲的，却从未真正与长尾叶猴谋面。那次在印度，我有如沐浴在猴子出没的神话气氛中，可谓大饱眼福。

初到印度那天，从孟买乘飞机到目的地艾哈迈达巴德。我坐上接站的汽车，驶入印度的乡间公路，眼前的一切景物都是新鲜的：白布包头的男子，纱丽裹身的女人，悠然自在的神牛……忽然，我瞥见几只灰黄色的大猴子拖着长尾飞身上树——是不是长尾叶猴？我禁不住一阵惊喜，这可是在车水马龙的道路上啊！幸亏我没有喊出声来，否则人家印度人一定会笑我少见多怪。

印度的神猴不像在中国仅仅出现在小说、戏剧中，而是融入人们的日常生活中。清晨的花园中，黄昏的屋顶上，车水马龙的公路边，甚至叫卖的市场里，都会有长尾叶猴的身影。它们无处不在，又居无定所，来去无踪，神乎其神。

猴子毕竟是猴子，尽管被赋予了神性，却掩饰不住顽皮放任、桀骜不驯的本性。有一次在教育中心，不知是谁用照相机闪光灯晃了猴群中的大公猴的眼睛，它发起了脾气，见人就追，闹得人们见猴就躲，掩门闭户，好生可笑。最后，保安人员不得不横着棍子赶走这个寻衅者，才使人心慌慌的局面缓和下来。神猴就是这样，敢爱敢恨。

教育中心的教师告诫我，大公猴不好惹，要离得远远的。可是我几次与大公猴遭遇，有时相隔咫尺，却从未受到攻击。看来，我的"猴缘"不错。

古希腊的动物神

　　你应该听说过狮身人面像吧？他的名字是斯芬克斯，是古希腊传说中一个有着狮身和人首的神秘生物。他会让人回答他的谜语，那些无法答对他的谜语的人会被他杀死吃掉。

　　厄喀德那的上半身是美貌的女子，下半身是蛇，居住在冥界，远离神和凡人；戈尔贡三姐妹拥有人类女性的面孔，头发是可怕的毒蛇，任何看到她们的人都会变成石头。这些人面蛇身的神跟中国传说中的美女蛇异曲同工。

希腊德尔菲博物馆的斯芬克斯雕像

厄喀德那

35

　　还有一位神，被称为弥诺陶洛斯，是一个拥有人的身体和公牛头的生物，他住在克里特迷宫里。你觉得他像谁？他的外貌像不像《西游记》里的牛魔王？

　　古希腊神话里还有半人马。其中有一个称作齐若的半人马，拥有聪明的头脑和令人羡慕的医术，是希腊神话中最受欢迎的半人马之一。看来从古到今，无论在哪里，医生都是受人尊敬的职业。

绘画作品中的半人马齐若形象

十二生肖

你小时候一定会背诵子鼠、丑牛、寅虎、卯兔、辰龙、巳蛇、午马、未羊、申猴、酉鸡、戌狗、亥猪。这就是十二生肖，是十二地支的形象化代表。

中国以及东方不少国家的民俗中都信奉生肖，其中的科学与文化内涵十分丰富，十二生肖是中国多姿多彩的民俗文化百花园中的一朵奇葩。十二生肖的起源与动物崇拜有关，有星宿说、图腾说、外来说，也有民间故事说、动物习性说、五行阴阳说、宗教起源说……最早记载的与现代十二生肖说法相同的传世文献是东汉王充的《论衡》。

你是否好奇，十二生肖里为什么没有猫呢？关于这个，我听过一个有趣的传说，说玉皇大帝发布公告海选十二生肖的时候，猫和老鼠都很想参选。那时候它们还是一对好朋友，猫爱睡懒觉，担心自己睡过头，就让老鼠记得叫它起床。结果老鼠第二天一早就自己偷偷出发了，它是第一个到的动物，因此被

十二生肖剪纸

选为十二生肖之首，而等猫赶来的时候，选拔早就结束了。从此猫恨透了老鼠，见到老鼠就要抓来吃掉。

十二生肖随着历史的发展逐渐融合到相生相克的民间信仰中，表现在婚姻、人生、性格、年运上，每一种生肖都有丰富的传说，并以此形成一种观念阐释系统，成为民间文化中的形象哲学，如婚配中讲究的属相、庙会上的祈祷、本命年的保佑神等。现代人更多地把生肖作为农历春节的吉祥物，生肖成为民俗娱乐文化活动的象征。生肖与每个中国人都有关，不同生肖所代表的动物类别，可以说都为不同年份出生的、不同属相的人所关注，是万物有灵观念的演变。

十二生肖动物中既有野生动物，又有畜养动物，表现出中国农耕文明对生物多样性的巧妙利用、驯化动物的智慧以及人与自然协同进化的传统。

我相信无论你是属什么的，都会对自己的生肖动物情有独钟，至少不至于反感和厌恶。不同的属相各有千秋：老鼠，预示生命力的旺盛和适应力的强大；耕牛，是勤勤恳恳、任劳任怨的农耕文化象征；老虎，是森林守护神，山民畏虎，将其奉为"山神爷"……

动物为敌

- 从神往到敌视
- 虎吃人还是人吃虎
- 你怕蛇，蛇更怕你
- 顽强的麻雀

老虎吃人啦，狼来啦，蛇最阴险啦，蝙蝠会吸血啦……你一定听过这样的故事吧？随着生产力的提高，人们拥有了坚船利炮，动物在人们眼中逐渐从偶像变为敌人。

从神往到敌视

在远古时期，人类对待动物，敬畏多于敌对，毕竟那时的人类尚不具备以动物为敌的实力。随着生产力的提高，人类开始居临于众生之上。

从猫的地位的起落，便可见一斑。古埃及、古希腊均视猫为神，把猫看成自由的象征。但中世纪欧洲的教徒们，出于对外来文化的抵制，将受外邦尊敬的猫也当成愤恨的对象，他们以猫为敌，视猫为妖。这种宗教观还殃及许多其他的动物，比如人们认为恶魔撒旦能变成公羊啦，恶狼吃小孩啦……

我想，从人们对动物的莫须有的恐惧可知，至今，人类对动物的敌对情绪还是暗暗涌动的。莎士比亚说："有力者耻于伤人。"人类已如此强大，为何还执意与动物为敌呢？也许，仅仅是对孩提时听的狼外婆的故事还心有余悸吧。人们曾经把一部分动物视为妖孽，所以才有食人虎、食人鲨、吸血蝠、狐狸精、骚猫、饿狼等说法。

狼多在夜间活动，主要以鹿类、羚羊、兔等为食。

虎吃人还是人吃虎

如果让你细数最可怕的动物,你觉得是哪个?狼个头儿不算大,老鼠和蛇就更不值一提,蝙蝠夜里活动不足怕,鳄鱼只在水边,鲨鱼只在海里,与陆地相隔很远,而最令人胆寒的,莫过于威风凛凛的老虎。

虎乃百兽之王,其兴风狂啸的神力,挟雷带电的威势,斑斓华丽的姿容,横行山野的霸气,铸就了那王道天成的尊贵地位。

《风谷通义·祀典》记载:"虎者,阳物,百兽之长也。能执搏挫锐,噬食鬼魅。"非常明确地表现了古人借虎的神秘威慑力镇邪的心理。如今,在一些民风古朴的地方仍有给婴儿戴虎帽、穿虎鞋、睡虎枕、挂虎肚兜的传统习俗,这正是借虎除邪。虎作为东方特有的猛兽,对东方乃至世界文化的影响都是深远的。

20 年前,我有幸做了一段时期虎的饲养工作。那是一对稚气未脱的孟加拉虎,它们的一招一式、一投足一摆尾,无不显现出王者之尊。那深沉浑厚的低啸，那摄人心魄的目光，真正让我领略到了作为动物界名门大族的虎的威仪。

然而，这些呼啸山林、威风八面的神兽，却由于人类活动的加剧、狩猎手段的"高明"而陷入了巨大的灾难。人以动物为敌，以虎为最。人们通常认为，虎是吃人的恶魔，必斩尽杀绝。然而究竟是虎吃人还是人吃虎？

实际上，自然界中的虎生活在林深草密之处，有严格的领

孟加拉虎常在山林间游荡捕食。

地，不轻易铤而走险进入人类生活区。古人云："猛虎危猛犹可喜，横行只在深山里。"若不是人类进犯山林，大行杀伐，就谈不上虎吃人。据专家讲，平均约1000只虎中只有3只虎是吃"回头食"的食人虎，况且凡吃人之虎都是由于人的压迫所致，或领地受侵，或被逼杀，或雌虎护崽，或年老受伤等。一般来说，虎并非天生就吃人，只是万不得已而为之。其伤人比例比起某些动物要小得多。据印度的一个统计数据，1922年印度全国有1603人命丧虎口，而这一年中被毒蛇夺去性命的竟达7.5万人之多。

人类对森林的乱砍滥伐，必然威胁到包括虎在内的许多野生动物的生存环境；同时人类对食草、杂食动物的滥捕乱猎，又切断了食肉动物的食物来源，逼得虎不得不下山采食，偷鸡摸狗充饥。这就更为虎加上了"害兽"的莫须有罪名。

从本质上说，人类对虎大开杀戒，纯粹是出于自己的名、利、欲。从名上看，作为万物之灵的人类，一贯以地球主宰者自居，怎么容得下百兽之王——虎的存在？而虎又不会逆来顺受地任人摆布，自然会惨遭屠杀。从利上看，在人类贪婪的眼里，虎的全身都是宝，都是钱，人类将其视为珍馐，视为补品。如中国台湾一家普通的制作虎骨酒的作坊，每年要耗用2吨虎骨，每只虎的骨重8～10千克，这就意味着200多只虎命丧黄泉。

无论怎样，说虎吃人实在是个借口，是幌子，人吃虎才是事实。人们吃掉的是虎的骨肉，失去的却是森林守护神、大地的魂魄。

全球的虎只有1个种，仅分布在亚洲，包括孟加拉虎、里海虎、东北虎、爪哇虎、华南虎、巴厘虎、苏门答腊虎、印度支那虎、马来亚虎等亚种。遗憾的是，20世纪内，巴厘、里海虎、爪哇虎已经灭绝了。其中里海虎中分布于中国新疆的一支，被称为新疆虎，于1916年在中国境内灭绝。

中国曾是一个多虎的国家，本可以自豪地称为虎的大国，在世界上14个有虎分布的国家里，中国是唯一拥有5个亚种虎的国度：北有东北虎，南有孟加拉、印度支那虎，中部有华南虎，西有新疆虎。特别是华南虎，可谓地地道道的中国虎，它们作为虎的原始种类的直接后裔，至今还保持着脑量较小、双目凹陷的原始头骨特征。可惜野外幸存的华南虎加起来仅仅几十只。

随着人口的迅速增长，虎的数量在锐减，生态质量随之江河日下。一只虎的活动范围多在几十平方千米至上百平方千米。这样大的森林已不多见。虎作为哺乳纲食肉目猫科豹属动物，在自然界中处于食物链顶端，《中华人民共和国野生动物保护法》将虎列为国家一级保护动物，不再允许打虎，但是人类猎杀野猪、狍子、山鸡等非重点保护动物，对虎的生存而言无异于釜底抽薪，而"视虎为害人虫，奉打虎者为英雄"的陈旧观念和人们的贪婪对于虎的处境来说更是雪上加霜。仅20世纪50~60年代，在中国大地上就有约3000只虎被杀。1966年有约500只虎丧命。到了70年代，人们已经很难打到虎，1974年竟又有14只虎遭猎杀。虎在中国大地上已经所剩寥寥。

　　还好，2017年，东北虎豹国家公园横空出世，创造了中国生态文明新高度，揭开了虎保护的新篇章。目前，仅地跨吉林、黑龙江两省的虎豹国家公园内，至少有40余只东北虎呼啸于方圆1.6万平方千米的保护地，为美丽中国平添一抹靓丽与威仪。

动物名片

西伯利亚虎

拉丁学名：*Panthera tigris ssp.altaica*

别　　称：东北虎、阿尔泰虎、满洲虎等

分　　类：食肉目猫科豹属虎种

分　　布：俄罗斯、中国等地

你怕蛇，蛇更怕你

蛇一直以来都不招人待见，它们不仅长得可怕，毒蛇还能分泌置人于死地的毒液。从成语中就能看出自古至今人们对蛇的惧怕。"杯弓蛇影"讲一个人把墙上弯弓映在酒杯中的影子当成小蛇喝了下去，就吓得病了好几天，可见蛇的恐怖形象是多么深入人心。

世界上已知的蛇的种类约有 2500 种，中国约有 200 种。蛇的生活范围很广，树丛、洞穴、淡水和海水中均有它们的身影，蛇在热带和亚热带分布较多。有的蛇的确很可怕，比如眼镜蛇、竹叶青、蝮蛇等都是毒蛇。还有蟒蛇，它们是较原始的蛇类之一，虽然没有毒，但有的可以长到 10 米左右，大蟒蛇能够吞下整只鹿、小牛等动物，而且消化能力极强，连骨头都能消化掉。但是蛇那些可怕的"武器"并不是用来攻击人类的，而只是为了借此生存、自卫。

很多生活在人类身边的本土蛇没有那么厉害，只是普普通通的动物，它们不仅不会找人麻烦，还会主动躲着人，但是它们却已经被人类逼到了灭绝的边缘。

"菜花蛇"是两种中国常见的无毒蛇——王锦蛇和黑眉锦蛇的俗称。它们不是菜，但的确常常被端上人们的餐桌。

王锦蛇在中国主要分布于浙江、江西、广东、台湾等地，是一种大型无毒蛇类。大个儿的体长可超过 2 米，体色多为醒目的黄黑相间，头顶多有形如"大王"二字的斑纹。王锦蛇为广食性蛇类，啮齿类、鸟、蜥蜴和其他蛇类都是它们的捕食对象。王锦蛇还能吃毒蛇，因为它们体大凶猛，而且血清中含有特异抗体，不怕中毒。王锦蛇遭遇危险时，会从泄殖腔附近的

王锦蛇栖息于山区、丘陵地带。

腺体中喷射出气味浓烈的臭液，使对手难以接近，落荒而逃。

黑眉锦蛇广泛分布于中国华北地区到海南、台湾岛的区域，也是一种大型无毒蛇类。"黑眉锦蛇"这名字听起来颇有武侠味儿，得名原因是它们的眼后有一道醒目的黑色眉纹。大多数黑眉锦蛇亚种的体色都是黄黑相间。黑眉锦蛇喜欢吃啮齿类动物和鸟类。在农村和城镇，黑眉锦蛇经常出现在人们家里、院子里、谷仓中，捕食老鼠，因此在很多地区又被称为"家蛇"。

王锦蛇和黑眉锦蛇几乎是国内食用市场上最常见、消费量最大的蛇种，因为它们体形大，行动迟缓、容易被捕捉且无毒。据2013年某市野生动物保护协会统计，旺季时人们每天

黑眉锦蛇善攀爬。

竟会吃掉超过 10 吨的蛇，其中三分之二是野生蛇，王锦蛇和黑眉锦蛇占了很大的比例。

虽然菜市场和餐馆里出售的蛇都号称是养殖的，但其实相当大一部分还是直接或间接来自野外。而人们食用的黑眉锦蛇基本上全都来自野外。不法之徒们会通过"洗山货"牟取暴利，就是先捕捉、收购野生蛇，再将它们人工填喂催肥，当成养殖蛇卖到市场。甚至有人把已经怀孕的雌蛇抓来，就是为了获得幼蛇，把它们养大后售卖，真是丧尽天良！

"菜花蛇"遭受捕杀的情况非常严重，甚至已经有学者提议将王锦蛇和黑眉锦蛇在《世界自然保护联盟濒危物种红色名录》（简称《IUCN 红色名录》）中的保护级别提升到"濒危"。但是蛇"颜值"不高，甚至面相凶恶，所以开展宣传保护蛇类的工作也比较难。

其实，许多野生蛇类体内都有大量线虫、绦虫等寄生虫，以及沙门氏菌等细菌。人们如果食用了野生蛇，或者吃了蛇蛋、喝了蛇酒等，都可能会感染疾病。

王锦蛇和黑眉锦蛇能大量捕杀连猫都招架不住的褐家鼠，防止它们泛滥成灾，威胁人们的生产、生活和卫生安全。此外，蛇作为食物链中的一分子，维持着自然的生态平衡和物种多样性。因此，人们以蛇为敌可以说是有百害而无一利。

顽强的麻雀

麻雀又称家雀、老家贼，从它们的别称上就可以看出它们和人的关系有多密切。麻雀是中国平原和丘陵地带最常见的小型鸟类，喜欢栖息在有人类活动的地方，常在屋顶、屋檐下和树洞中筑巢。它们平时主要吃谷粒，冬天吃草籽，春天还会用昆虫哺喂小麻雀。

别看我们会称麻雀为"家雀"，但其实家麻雀是欧洲城市中常见的麻雀，东亚地区包括中国，城市和乡村中常见的麻雀是树麻雀。麻雀虽然不起眼，却是许多人心目中最熟悉的鸟类。十几年前，中国曾有一次网络票选国鸟的活动，结果竟然是树麻雀力压群鸟，甚至超过了呼声很高的丹顶鹤，得了第一。虽然那次票选后来不了了之，但由此可见树麻雀在人们心目中的高认知度。目前中国唯一的鸟类学专业期刊 *Avian Research*（《鸟类学研究》），也用国画风格的树麻雀形象作为刊物的标志。

别看麻雀这么得人心，它们曾经可是和蚊子、苍蝇、老

成年麻雀正在哺喂小麻雀。

鼠被并称为"四害"，人人喊打。这是为什么呢？因为麻雀的嘴又短又粗，呈圆锥形，适于啄食食物的种子，它们也喜欢吃种子。当时人们认为麻雀有害于粮食，科学家还估计每杀死约100万只麻雀，就可以拯救6万人的口粮。于是全国人民被动员起来除麻雀。大街小巷，人们敲锣、敲鼓、敲锅，弄出各种噪音吓唬麻雀，不让它们落地，让它们飞得累死或饿死。人们还破坏鸟巢，打碎鸟蛋，杀死雏鸟，猎杀成鸟……据不完全统计，大概有上千万只麻雀惨遭毒手，差点儿绝种。

人们没有想到的是，其实麻雀不仅吃粮食种子，也吃很多"害虫"和杂草。麻雀被捕杀殆尽，"害虫"们就少了一大天敌，"害虫"肆虐造成的损失远远大于麻雀吃粮食带来的损失。蝗虫数量剧增，人们甚至不得不从苏联进口麻雀。于是，人们赶紧将麻雀从"四害"的名单中剔除……

麻雀从"大屠杀"中幸存下来，如今它们依旧在夹缝中努力生存。虽然人们不再灭杀麻雀，但由于人类活动的加剧，麻雀的生存环境也在日益恶化。有一项针对北京树麻雀的研究表明，在城市中心，例如商业区、高层居民区和城市主干道中，麻雀数量都很少。

有趣的是，麻雀虽然被人"祸害"得不轻，却一点儿不怕人，你走到它跟前了它也不躲，只顾满地找食吃。而且听说麻雀有个性得很，有时候宁可饿死也不肯被人养在笼子里。

从前，麻雀过街，人人喊打。

如今，麻雀在城市的夹缝中努力生存。

动物
为友

人与动物能成为朋友吗？人与动物关系的理想境界，是既要有安全距离，又要有亲密接触。"马有垂缰之义，狗有湿草之恩"，动物也可以是你的朋友、亲人，甚至战友、恩人。

蒂皮与麋鹿苑

你听说过蒂皮吗？蒂皮是一个法国女孩，1990 年在纳米比亚出生，从小跟从事野生动物摄影工作的父母出没野外，同野象称兄，和狒狒交友，伴狮子相眠，与鸵鸟共舞……在现实世界中上演了电影般的故事。下面，我就带你认识这位与动物"心有灵犀一点通"的女孩蒂皮，她是野生动物的真正朋友。

蒂皮有一本写真集《我的野生动物朋友》，展现了她在非洲时与动物们在一起的生动画面。这本书是蒂皮 10 岁时回到巴黎后写的，里面记录了她与各种野生动物生活在一起的动人故事和亲身感受，同时编入了她的父母现场拍摄的 130 多幅极为难得的图片，不仅可亲可赏，而且能唤起人们保护自然、保护野生动物的意识。在小蒂皮的世界里，有很多野生动物朋友，如变色龙莱昂、被她称为"哥哥"的大象阿布，还有豹子、蛇、狒狒、狮子、鸵鸟……

2002年8月24日，一个如火的夏末，还是个小女孩的蒂皮翩然而至，来到中国，来到北京，来到了我工作的麋鹿苑。那一天，麋鹿苑就像过节一样。一大早，十余家媒体便先期赶到，翘首等待。

那天上午九点半，小蒂皮在妈妈的陪同下，由云南《人与自然》杂志、《我的野生动物朋友》一书的主编刘硕良先生带领，来到了麋鹿苑。记者们、孩子们蜂拥而上，小蒂皮几乎是在大伙的簇拥下，步入麋鹿苑大门，先在草坪上与我们的小明星五月龄的麋鹿兰兰、十日龄的麋鹿佳佳见面，然后进入科普楼阶梯教室。可惜，因前一晚做节目不太顺心，隔天又遭记者围堵，她小嘴紧绷，一言不发，只好由她妈妈向大家介绍一些情况了。

为了把小蒂皮从大家的"热情压力"中解救出来，我只好使出"金蝉脱壳"之法，带着小蒂皮、刘主编驱车绕到麋鹿苑南侧。在这里，她终于如释重负，回归了自然，也找到了感觉。进入麋鹿散放区，她就像置身于阔别已久的非洲莽原，脱下上衣，光着小脊梁，轻轻走向麋鹿，走向丹顶鹤，走向鸸鹋……脸上也恢复了自然的、天真的神态。

至此，我也长长地舒了一口气，否则，太折磨这孩子了。恐怕只有大自然的灵丹妙药，才能使她自然之子的身心得到解放。看到小蒂皮与澳洲鸵鸟的嬉戏场面，我又适时打开保护区泡桐林一侧的大门，破例让记者们及小朋友们进入保护区，与正在亲近动物、亲近自然的小蒂皮互动。毕竟，这个机会对我们来说都是千载难逢的，经媒体报道，对公众也是一次生动的、充满灵性的教化。

小蒂皮临走，还彬彬有礼地在大门口等我，与我合影，表示感谢并告别。那是一个使我没齿难忘的上午，一个令人回味无穷的夏天。

人与自然、法国蒂皮与中国麋鹿就这样融合在一起。虽然只是一个瞬间，但我相信，对我，对小蒂皮，对在场的所有人，那都是一次曼妙的交汇，一个美丽的定格。

郭耕与小蒂皮和她的妈妈在麋鹿苑。

珍博士和黑猩猩

记得珍·古道尔博士第一次到中国就来到了北京麋鹿苑，当时是我为她做讲解并有幸得到她的指教。她建议设立一个门上写有"谁是最危险的动物"的箱子，里面则立一面镜子揭示答案。多年来我在一次次的环境教育和接待游客活动中发现，大家对这亦庄亦谐的科普设施反响强烈，效果良好。

从 1998 年在麋鹿苑首次见到珍博士算起，我与她已经相识 20 多年了。珍博士一生从事动物保护事业，特别是与黑猩猩相伴并致力于保护它们。我曾是一名黑猩猩的饲养员，但跟珍博士相比，实在是小巫见大巫。她只身进入非洲丛林，接近野生黑猩猩，为人类打开了一扇重新认识动物、认识世界，也重新认识自己的窗口，由此奠定了她作为一名蜚声国际的伟大灵长类学家的独特地位。

珍博士的魄力甚至超过了我们这些外观上似乎更孔武有力的男人。要知道，成年黑猩猩十分危险，体重可达 60 千克左右，

珍博士与黑猩猩开心玩耍。

比同等体形的男人强壮得多。有一些男性动物学家谨小慎微地把自己装进大铁笼，然后才敢进入黑猩猩栖息地。我在饲养黑猩猩的时候，也是丝毫不敢把这些"危险的动物"放出来或将自己置身于黑猩猩的环境里的。而珍博士却敢直接与黑猩猩亲密接触。

珍博士的主要研究对象是黑猩猩而非大猩猩，这是两个完全不同的物种。你肯定想不到，黑猩猩跟你的关系甚至要近于黑猩猩与大猩猩的关系。人们对黑猩猩和大猩猩二者的误解，由来已久，人们不仅混淆了它们的名称，对它们的行为更是容易张冠李戴。很多人一说到黑猩猩，就做出"捶胸顿足"的动作，殊不知，那是大猩猩激动时的动作，黑猩猩激动时，则从无类似的举止，而是垂肩晃臂，节奏越来越快。

动物名片

大猩猩

拉丁学名：*Gorilla*

别　　称：大猿

分　　类：灵长目人科大猩猩属

分　　布：东非、西非等地

动物名片

黑猩猩

拉丁学名: *Pan troglodytes*
分　　类: 灵长目人科黑猩猩属
分　　布: 安哥拉、布隆迪、喀麦隆等地
习　　性: 为半树栖动物

　　珍博士每次举办讲座时，总会用黑猩猩的语言跟大家打招呼。我相信，她表达的这种"猩语"，不仅在打动现场听众的效果上百试不爽，而且在野外真正的黑猩猩面前，也能取得它们的信任，从而弥合我们与自然生灵紧张对立的关系。

　　在非洲的乌干达，人类与黑猩猩的关系非常紧张。在那里，经常发生黑猩猩伤人甚至杀人事件，20 世纪 90 年代，在基巴莱国家公园就发生 8 起黑猩猩伤人事件。黑猩猩是可怕的魔鬼吗？其实，这一切的根源在于，黑猩猩的栖息地大面积丧失，无家可归的黑猩猩被迫闯入人类世界。人类破坏了黑猩猩的家园，黑猩猩伤人，人又反击，人类与黑猩猩的冲突便愈演愈烈。

　　有一张照片，拍的是珍博士在坦桑尼亚的研究基地试图与一只小黑猩猩握手。发人深省的是，这里曾有一名人类婴儿死于成年黑猩猩之手。人类与黑猩猩的和解之路还很漫长。

二战"英熊"

在第二次世界大战中，曾出现过动物参战的事迹，它的形象被人做成了标志，在部队沿用至今。它就是沃洁科，一头战斗熊，在波兰从军。你是不是感到很不可思议？沃洁科还有军衔和工资卡，并且在二战中对波兰军队做出了很大贡献。

1942 年，当时二战的战斗已经打响，有个小孩在山下发现了一头小熊，小孩想换点吃的，就准备将小熊卖给波兰的安德军团。而正好士兵们整日战斗感到无聊，就买下了这头小熊当作宠物。小熊得到士兵们的照顾，大家都喜欢将自己的食物分一点出来给小熊吃，而小熊在士兵们的培养下，口味都变得和其他熊不同了。熊都喜欢蜂蜜和水果，但这头小熊却喜欢啤酒和军粮。和士兵们相处的时间久了，小熊和士兵们的关系越来越亲密。

但是不久，安德军团接到指示要转移到其他战场。而小熊作为宠物自然是不能跟随军队转移的，可士兵们相当舍不得小熊，于是有一个人想了个主意：给小熊申请军人证，小熊就不是宠物而是战友了，不就可以跟着军队一起走了？幸亏有位通情达理的长官，批准了士兵们的请求，小熊的军人证办下来了。从那天起，小熊便有了正式的名字和编制，它叫作沃洁科，在波兰语里是"欢乐的勇士"的意思，士兵们希望小熊能在残酷的战场上给人带来快乐和欢笑，它的军衔是二等兵。沃洁科不但有军衔，还有自己的工资，然而一头熊的食量可不是开玩笑的，所以基本上它的工资都用在伙食开销上了。

沃洁科的体形越来越大，从小熊到大熊，跟着士兵们到处征战。沃洁科直立起来能达到一米八，体格相当健壮。它的作用也不仅限于给人们带来欢乐了，它开始能帮助军队干些活儿了，比如搬运炮弹和物资。

曾经和安德军团作战的英国士兵回忆道："在第一次和他们作战时，身边突然出现一头大棕熊，把我吓傻了！它手里还抱着一个炮弹，我真的惊呆了。之后我才知道这还是个士兵熊，人家是有军衔、有工资的。"在战友们的照顾下，沃洁科一直到战争结束都没有受到伤害。而它也尽到了作为一个"士兵"的义务，帮助安德军团搬运了很多物资装备。

战后，军队将沃洁科送到了爱丁堡动物园中，沃洁科在那里度过了它的晚年时光。这期间，它曾经的战友们还经常去看

69

望它，给它送去它最喜欢的啤酒。安德军团将沃洁科搬运炮弹的形象作为第二十二炮运连的部队徽章标志，以此来感谢沃洁科在战斗中的特殊贡献。沃洁科被波兰人民当作民族"英熊"。现在如果你去波兰，在很多地方还能看到人类的好朋友——战斗熊沃洁科形象的标志。

棕熊

拉丁学名：*Ursus arctos*

别　　称：马熊、罴等

分　　类：食肉目熊科熊属

分　　布：遍及欧亚、北美大陆

动物名片

海豚导航员

　　海豚是一种聪明的海洋哺乳动物，属于鲸类，全球共 30 余种。你在海洋馆见过海豚吗？它们的表演会让你开心，可是它们自己却并不开心。有一部纪录片《海豚湾》，其中描述了人类如何捕捉海豚、谋财害命，将其卖给世界各地的海洋馆，海洋馆则把海豚作为赚钱的机器，把海豚表演作为文明社会取乐的经济项目。海豚是生而自由的海洋精灵，它们不该被囚禁，它们应属于大海。

　　我曾有在阿拉伯海航行时巧遇海豚的难忘经历。在浩渺无际的大海中行船，真有一种天水茫茫的空寂与无奈感，周遭的一切，一条船、一只鸟、一块漂浮物都能引人入胜。我们船上的有着古铜色皮肤的印度水手熟练地操作着舵轮，双目凝视着前方。突然，他大叫了一声："Dolphin（海豚）！"顺着他手指的方向望去，几只海豚正在水上舞蹈般地弄潮踏浪、时沉时浮。我们的船劈波斩浪地迎了上去，越来越近，那尖长的吻部

海豚是生活在水中的哺乳动物，
通常喜欢群居。

和光滑的脊背都历历在目了。

据说这是一个其乐融融的家庭，奇怪的是它们根本不怕我们，竟撒欢儿似的一次次跃出水面，2米多长的流线型躯体在半空划出一道道美丽的弧线。待我们的船驶过很远，它们还在我们的船舷下时隐时现地追逐了许久。这些野生海豚友善好客的举止和幸福欢快的场面给我留下终生难忘的印象。

自古以来，有关海豚救助遇难者的事例层出不穷，而尤其令我心潮澎湃的是"罗盘杰克"的故事。

故事发生在20世纪，在新西兰北岛和南岛之间，有一条惊涛拍浪、暗礁横生的海峡——库克海峡。曾有上百条海船在那里葬身鱼腹、化为残骸，但1888年后，一度有很长时间，过往航船安然无恙。原来，出现了一条自动为过往船只导航的海豚，船员们知道，凡是海豚跳跃的地方，海水一定很深，轮船不会触礁，因此轮船跟着海豚前进，便能顺利地通过库克海峡。这只海豚的存在使每条船都能安心航行，人们亲切地称它为"罗盘杰克"。

1909年9月26日，新西兰政府特地颁布了保护海豚"罗盘杰克"的法令，严禁伤害这只在库克海峡护送船只的海豚。20多年来，"罗盘杰克"始终主动地为过往的船只领航。

在一个月明星稀的夜晚，一艘名为"企鹅号"的海船进入海峡，"罗盘杰克"一如既往地在前头领路。遗憾的是，船上有位水手看到了前面的海豚，便拿出枪把它当作靶子射击取乐。随着几声枪响，"罗盘杰克"身后拖着一条殷红的血迹艰难地游走了。之后的几个星期，人们没有见到它的身影。不久，"罗盘杰克"伤口痊愈，又来导航了，但唯独见到"企鹅号"一来，它便隐藏起来。后来，不知是巧合还是报应，"企鹅号"发生了海难，船毁人亡，恰恰就在这个海峡中。

　　然而，1921年，"罗盘杰克"最终被挪威一艘捕鲸船上的人杀害了。后来，人们在水底的岩石缝里找到了它的尸体。这是一个可悲的故事，本来与人如此友好的海豚，却一而再再而三地遭到个别人恩将仇报的残害。为了表彰和纪念"罗盘杰克"的功绩，人们特地为它举行了隆重的葬礼。

🐾 动物名片

灰海豚

拉丁学名：*Grampus griseus*

别　　称：纹身海豚、花纹鲸等

分　　类：偶蹄目海豚科灰海豚属

分　　布：世界各海域

动物为役

驯化、役使动物是一种可持续利用资源并稳定获取资源的方式，尽管推动了人类文明发展，但也要适可而止，见好就收，毕竟，能驯化的动物，人类已经试得差不多了；不能驯化的，任凭你如何圈养，也是枉然。

驯化动物的历史

　　驯化动物，北方有驯鹿，南方有水牛，沙漠之舟是骆驼，高原之舟是牦牛，南半球有人饲养火鸡、驼羊，亚洲人能役使猎豹、大象……直到1776年瓦特改良的蒸汽机问世，动物负重的劳役才算告一段落。从历史的视野来看，驯化曾经推动人类文明的进程。因为，驯化比狩猎文明了，特别是人类定居之后，驯化能保障人类从动物身上获得福利，具备资源利用的稳定性和可持续性。

　　人类驯化地球上的动物由来已久，约从公元前8000年就开始驯化羊、狗了，直至公元前2500年左右驯化骆驼为止，共有约150种陆生草食或杂食动物被人类尝试驯化过。几千年来，通过驯化实验的大型兽类仅有14种，总体上有约60种比较成熟的驯化动物，大部分均不合格，或说是幸运地落选了，注定野生，桀骜不驯。

　　人类的文明进化与家禽、家畜的饲养和驯化如影随形。鸽

骆驼能够生存在干旱的沙漠中，其驼峰
内储存的大量脂肪可以帮它维持生存。

子的驯养历史已有约4000年之久，它使鸿雁传书的浪漫成为现实；蜜蜂的驯化则让今天的你能吃到甜甜的蜂蜜。时至今日，人类还在尝试驯化动物。

人类驯化动物，以动物为役，不仅是让它们干活儿，几乎是方方面面地把动物"改造"成人类需要的样子。这种聪明才智推动过文明发展，但也该适可而止，见好就收，不能随心所欲。但凡对自然过度干扰，一味地亵渎生灵，终究会招致大自然的有力反弹。

2003年，国家林业局公布了54种人工驯养繁殖技术成熟、可商业性驯养繁殖和经营利用的陆生野生动物名单，就是人工条件下形成种群，不必再从自然界补充的一些"半驯化"的特种动物，有利于规范驯养行为，保护野生动物资源。总之，对待动物的态度，我的口号是：善意地利用驯化的，科学地保护野生的。

独一无二的驯鹿

"叮叮当，叮叮当，铃儿响叮当……"说到驯鹿，你的脑海中是不是就响起了这首熟悉的歌？没错，传说圣诞老人坐的雪橇就是驯鹿所拉的。

驯鹿，顾名思义，是最早被人类驯养的动物之一，也是唯一一种被驯化为放牧对象和拉驮工具的鹿科动物。驯鹿身长约2米，肩高约1.2米。野生驯鹿的寿命可达15岁左右。它们生活在苔原、北方森林和山地，以食草为主，兼食枝叶。驯鹿有1个种、9个亚种。今天，两个亚种的驯鹿已经灭绝：道森驯鹿于1908年灭绝，格陵兰驯鹿于1950年灭绝，还有一个北极亚种的驯鹿，正处于濒危状态。

北京麋鹿苑曾经饲养驯鹿。驯鹿亦名"四不像"，与麋鹿的俗名一样。如果说麋鹿最特殊的形态表现为尾长如驴的话，那驯鹿最特殊的地方则当属其角了——驯鹿是世界鹿科动物中唯一一种雄雌均长角的鹿。

雌雄驯鹿都长着树枝一样的大角，
幼鹿出生一周后即开始长角。

驯鹿的分布仅限于北极圈附近，全球野生和半野生的驯鹿共约300万头，中国大兴安岭西北有近千头，为中国的少数民族鄂温克人所放养。

每年五月上旬，随着北国冰雪的消融，生活在美国阿拉斯加和加拿大的大群驯鹿，便踏上了向夏季觅食地迁徙的旅途。

驯鹿的蹄子就像雪地靴，即使走在尖利的岩石或光滑的冰面上也能使它们如履平地。每头驯鹿都是扒雪寻草的能手，其凹型的蹄子能掘起雪层下的食物，它们能清楚地知道口粮的位置。在自南向北的旅程中，驯鹿将逐渐脱去厚密的冬装，因此，在它们走过的路上，簇簇灰棕色的冬毛随地可见。

六月，雌鹿及其途中所生的小鹿就到达了它们的夏季牧场。一头雌鹿通常年产一崽，狼、貂熊、猞猁和熊常会对新生儿造成威胁。但小鹿发育很快，一头幼鹿在生下来几分钟后便可站立，第二天就能跟着妈妈跑了。

七月，雄鹿柔软的、被称为茸的新角已经长出。秋季，茸皮将脱，为使其尽快脱落，雄鹿在灌丛上磨拭着茸角，使尖锐的角骨最终展露出来。一到繁殖季节，成年雄鹿将为争夺配偶而大肆角斗。冬季到来之前，鹿角便自动脱落。

在头一场雪降落之前，雄鹿、雌鹿及幼鹿全体集合，向越冬地——南方林地进发。五月初，驯鹿开始再次北迁。

动物与人那些事

麋鹿苑的驯化动物

北京麋鹿苑除了麋鹿，还有许多别的动物。它们很多并不会干活儿，但也是人工驯养的动物。我带你来"纸上"逛逛麋鹿苑，看看这些动物都是谁。

火鸡原产于北美，英文是"turkey"，和"土耳其"的英文一样，因为欧洲人觉得火鸡的外形与色彩有点像土耳其人的传统服饰，因此称其为"土耳其"。火鸡又称吐绶鸡，是雉科火鸡属，共有6个亚种。火鸡的驯化可能在哥伦布到达美洲前始于墨西哥的印第安人。1519年，火鸡首次被引进西班牙；1541年，火鸡被引入英格兰。17世纪，英国殖民者又把在欧洲育成的火鸡品种引进北美洲东部。野生的火鸡喜欢栖息于水边林地，吃种子、昆虫，偶尔也吃蛙和蜥蜴。火鸡是"一夫多妻"，一只火鸡雄鸟配一群雌鸟，每一只雌鸟产8~15枚有褐斑的卵，孵化期为28天。目前饲养品种以青铜火鸡和荷兰白火鸡为多，眼斑火鸡从未被驯养。

86

孔雀有孔雀属和刚果孔雀属两个属，其中孔雀属下有蓝孔雀和绿孔雀两个种。蓝孔雀也称印度孔雀，主要产于巴基斯坦、印度和斯里兰卡，是印度的国鸟。绿孔雀属于中国国家一级保护动物。野生孔雀生活于热带落叶林中，在开阔地或耕地上觅食植物种子、浆果及茎叶，也吃稻谷、芽苗、草籽等食物，还食用一些蟋蟀、蝗虫等昆虫及鼠类和小型爬行动物。繁殖期间，一只雄鸟可与多只雌鸟生活数天，逐一交配后，每只雌鸟独自营巢产卵，孵化期为 26～30 天，雄鸟继续单独活动。雌、雄孔雀都可以十分敏捷地飞到高枝上栖宿。今天，世界各地均有孔雀被饲养。

蓝孔雀开屏时，展开尾羽上的"眼睛"，光彩夺目。

黑天鹅体长80~120厘米，体重6~8千克。全身除小部分初级飞羽为白色外，其余通体羽色漆黑，羽毛卷曲，背覆花絮状灰羽。嘴为红色或橘红色，靠近端部有一条白色横斑。虹膜为红色或白色，跗跖和蹼为黑色。黑天鹅喜爱成对或结群活动，以水生植物和水生小动物为食，繁殖期6~7月。它们营巢于水边隐蔽处，每窝产卵4~8枚，孵化期34~37天。黑天鹅分布于澳大利亚南部、塔斯马尼亚岛和新西兰及其邻近岛屿，栖息于海岸、海湾、湖泊等水域。欧洲探险者在澳大利亚惊异地发现这种黑色的天鹅时，人们已经在戏剧中臆想过黑天鹅的形象。澳大利亚珀斯有"黑天鹅故乡"之称。

此外，还有黇鹿、番鸭、珍珠鸡、鸸鹋等，难以一一介绍，等你有机会来麋鹿苑，我再慢慢带你认识它们吧。

动物
名片

鸸鹋

拉丁学名：*Dromaius novaehollandiae*

别　　称：澳洲鸵鸟

分　　类：鹤鸵目鸸鹋科鸸鹋属

分　　布：澳大利亚

无法驯化的动物

    人们发现，有的野生动物，不管怎么费劲都无法被驯化，有人把这个现象称为"安娜原则"。为什么呢？这是套用了托尔斯泰《安娜·卡列尼娜》书中的一段名言："幸福的家庭都是相似的，不幸的家庭各有各的不幸。"用在动物身上就是："可驯化的动物自有其共同点，不可驯化的动物各有其不可驯化的理由。"那么，这些理由是什么呢？

    第一，是"喂不起"。饲养动物都讲究效率即成本核算，按食物生物量的转化率来计算，最低也在十分之一左右，即100千克的食肉动物需要有1000千克的食草动物供养，而这1000千克的食草动物，又需要10000千克的谷物来喂养。所以，那些吃得太多的、挑嘴的、偏食的就不合格。如树袋熊人见人爱，为什么我们不能普及饲养呢？就是因为它们太偏食，只能靠桉叶甚至特定种类的桉叶过活，故而不能驯化。

    第二，是"耗不起"。驯化动物必须具备生长迅速的特质，

树袋熊又名考拉，是澳大利亚特有的
动物，性情温驯，行动迟缓。

"肉料比"适当，短时间见效。大猩猩是浑身肉乎乎的，可它们的一身肉需要15年左右才能长成，尽管它们是素食，只吃植物，可谁有耐心喂上15年呢？

第三，是"养不起"。有些动物在圈养条件下难以繁殖，如大熊猫、猎豹，在野外都是几雄追一雌，几天下来，才达到发情交配的程度，笼舍之下岂能满足？又如麋鹿需要湿地环境才能成活得很好，这种大种群、大空间的条件，使它们有可能成为苑囿动物、庄园动物，却不能被驯化为圈舍动物、农家院动物。

第四，是"伤不起"。大型兽类能伤人甚至吃人，熊尽管能吃素，饲养成本不高，长得也不慢，但成年的熊力大性凶，无人可以抵挡。斑马也曾被纳入驯化范围，人们给它们套上缰绳让其拉车，但被斑马咬伤的饲养员比被老虎伤的还多，而且斑马咬住你的手指就不松口，谁还敢驯它呢？

第五，是"惊不起"。有些野生动物容易受惊，对外界刺激极度敏感，这是它们在野外养成的求生本能。但是，在人工驯养条件下，一遇惊吓就横冲直撞，如一些羚羊、一些鸟类，宁可撞死也不屈服，如此烈性，如何驯养？

动物
为靶

你听说过象牙、犀牛角、虎皮、熊胆吗？也许你知道它们很珍贵，但是你想过吗？它们其实是动物身上的一部分。许多野生动物因为"皮可穿、毛可用、肉可食、器官可入药"而成为人类猎杀谋利的"靶子"，甚至遭到灭顶之灾。

什么是灭绝

　　当今世界任何地方都没有某物种的成员存在时，该物种就被认定为灭绝，即绝种。根据世界自然保护联盟的物种等级标准，灭绝物种指在过去的50年中未在野外找到的物种，如渡渡鸟。

　　灭绝的第二个含义是野外灭绝，指某物种的个体仅被笼养或在人们控制下存活，就可认为是野外灭绝。如麋鹿，北京麋鹿苑不仅是麋鹿这个物种的科学命名地，而且由于水灾和战祸，这里又成为当时中国本土最后一群麋鹿的消失地，但还有少数麋鹿被保存于欧洲的动物园，香火未断，直到20世纪80年代，麋鹿才被重新引入中国保护区，所以麋鹿属于野外灭绝。

　　灭绝的第三个含义是局部灭绝。如中国犀牛，1922年灭绝；白臀叶猴，1893年灭绝；赛加羚羊，1950年灭绝——都是指这些物种在中国境内没有了，但中国犀牛中的苏门犀在印度尼西亚、马来西亚仍有，白臀叶猴在老挝、越南还有，赛加羚羊在哈萨克斯坦还有。

灭绝的第四个含义是亚种灭绝。如狼是一种原产于北美及欧亚的体形最大的犬科动物，亚种很多，灭绝的亚种有纽芬兰白狼、得克萨斯州灰狼、喀斯喀特棕狼等。中国的雾灵山曾是猕猴分布的北限，为国家级自然保护区，猕猴的一个亚种直隶猕猴曾生活于此，可叹 20 世纪 80 年代后猴迹消失，现在日本猕猴成为世界分布最北的猕猴了。

最后，一些野生动物由于数量太少、种群过小、遗传变异性丧失，被专家称为"活着的死物种"。它们不仅对生态环境影响甚微，甚至连自身的存亡都成问题，例如屈指可数的华南虎，即便归山，对其他群落和成员的影响也是微不足道的，这种情形称为生态灭绝。

动物名片

麋鹿

拉丁学名：*Elaphurus davidianus*

别　称：四不像

分　类：偶蹄目鹿科麋鹿属

分　布：中国

世界自然保护联盟濒危物种红色名录

EX 》》绝灭 Extinct

如果没有理由怀疑一分类单元的最后一个个体已经死亡，即认为该分类单元已经绝灭，如渡渡鸟。

EW 》》野外绝灭 Extinct in the Wild

如果已知一分类单元只生活在栽培、圈养条件下或者只作为自然化种群（或种群）生活在远离其过去的栖息地时，即认为该分类单元属于野外绝灭，如夏威夷乌鸦。

CR 》》极危 Critically Endangered

当一分类单元的野生种群面临即将绝灭的概率非常高，即符合极危标准中的任何一条标准时，该分类单元即列为极危，如墨西哥蝴蝶鱼。

EN 》》濒危 Endangered

当一分类单元未达到极危标准，但是其野生种群在不久的将来面临绝灭的概率很高，即符合濒危标准中的任何一条标准时，该分类单元即列为濒危，如蓝鲸。

VU 》》易危 Vulnerable

当一分类单元未达到极危或者濒危标准，但是在未来一段时间，其野生种群面临绝灭的概率较高，即符合易危标准中的任何一条标准时，该分类单元即列为易危，如北极熊。

NT 》》近危 Near Threatened

当一分类单元未达到极危、濒危或者易危标准，但是在未来一段时间，接近符合或可能符合受威胁等级，该分类单元即列为近危，如格陵兰睡鲨。

LC 》》无危 Least Concern

当一分类单元被评估未达到极危、濒危、易危或者近危标准，该分类单元即列为无危。广泛分布和种类丰富的分类单元都属于该等级，如兔狲。

DD 》》数据缺乏 Data Deficient

如果没有足够的资料来直接或者间接地根据一分类单元的分布或种群状况来评估其绝灭的危险程度时，即认为该分类单元属于数据缺乏。

NE 》》未予评估 Not Evaluated

如果一分类单元未经应用本标准进行评估，则可将该分类单元列为未予评估。

渡渡鸟的悲剧

渡渡鸟的灭绝可谓首开工业社会导致地球物种大灭绝之先河，西方有句俗语"As dead as dodo"，即"逝者如渡渡"。

生活在印度洋毛里求斯岛的渡渡鸟，亦名愚鸠，体态圆胖，貌似火鸡，体重约20千克；翅膀很小，头大，嘴如钩形，尾羽小而蓬松卷曲。

1505年，当葡萄牙人首次登上毛里求斯海滩，满目皆是蝙蝠纷飞，还有欧洲没有的各种美丽的海鸟，其中最令他们惊

渡渡鸟

拉丁学名: *Raphus cucullatus*

别　　称: 多多鸟、嘟嘟鸟、愚鸠、孤鸽

分　　类: 鸽形目孤鸽科渡渡鸟属

分　　布: 曾分布于毛里求斯岛

动物名片

异的是渡渡鸟：它们完全不怕人，也没有任何天敌，当航海者出现时，它们好奇地迎上去，上下打量着这些外来者。不幸的是，渡渡鸟毫无恐惧与戒备的举止换来的是人类的棍棒相加，海员们随意地屠杀着这些善良得发愚的鸟。

1644 年，首批荷兰定居者的到达宣告渡渡鸟的厄运将至。殖民者不仅毫无理由地滥杀渡渡鸟，而且带来很多猫、猪、鼠等动物，使渡渡鸟及它们的卵陷入危机。从 1680 年到 1780 年，在见到人类不到 200 年的时间里，渡渡鸟就全部灭绝了。十分可惜的是，世界上连一个完整的渡渡鸟标本也未能保存下来，只留下一位荷兰画家 1599 年绘制的《愚鸠图》供人们凭吊。

在渡渡鸟灭绝后不久，一种生存于当地的植物大颅榄树日益衰败，也走向了灭绝。原来，这种植物的种子外有一层坚硬的外壳，必须经过渡渡鸟的消化道，外壳被消化掉后种子才能萌生。鸟与树相依为命的关系被人类破坏了，渡渡鸟灭绝了，也就扼杀了大颅榄树的生机。

世上万物都是相互关联、互惠而生的，看似遥远的物种之间可能有着意想不到的关系，一荣俱荣，一损俱损。

人类催化灭绝

一切自然物种及其群落都与所在地域的环境条件相适应，只要条件不变，就能长期生存，即使种群发生扩散或缩减，其历程也是缓慢的。人类活动的加剧却打破了这千古不变的平衡，加速了物种的灭绝。人类都干了些什么呢?

第一，是破坏生境。在濒临灭绝的脊椎动物中，有约67%的物种遭受生境退化与破碎、丧失的威胁。世界上约80%的热带国家都失去了野生环境的半壁江山：森林被砍伐、湿地被排干、草原被翻垦、珊瑚遭毁坏……亚洲的国家和地区尤为严重，孟加拉国约94%、中国香港约97%、斯里兰卡约83%、印度约80%的野生生境已不复存在。

俗话说"树倒猢狲散"，如果森林没有了，林栖的猴子与许多动物当然无家可归。"生态"一词来源于古希腊语，本意即"家""住所"的意思。

灭绝物种中，迁徙能力差的两栖类、爬行类及岛屿上无处迁徙的种类更多。如果你看过动画片《马达加斯加》，你一定还记得可爱的狐猴吧？马达加斯加岛上的物种有约 85% 为特有种，光是狐猴类就有 60 多种，然而人类登岛后，约 90% 的原始森林消失，狐猴类动物仅剩下 28 种，其中包括神秘的、体大如猫的指猴。

　　大陆生境的片断化、岛屿化是近百年来日趋严重的事件，这不仅限制了动物的扩散、采食、繁殖，还增加了其生存的威胁，当某动物从甲地向乙地迁移时，被发现、被消灭的可能性就大大增加了。目前中国计划为大熊猫建设绿色走廊，就是为了解决这个矛盾。

马达加斯加的环尾狐猴

第二，是过度开发。在濒临灭绝的脊椎动物中，有约37%的物种受到过度开发的威胁，许多野生动物因为"皮可穿、毛可用、肉可食、器官可入药"而成为人类的开发利用对象，甚至遭受灭顶之灾。象牙、犀牛角、虎皮、熊胆、鸟羽、海龟蛋、海豹油、藏羚绒……这是典型的以动物为靶!

2018年1月1日起，中国全面禁止象牙贸易。在此之前，象牙雕刻在中国已有3000多年的历史，但这种"艺术"背后却是人性的贪婪和对动物极度的残忍。你知道大象遭受了什么吗? 象牙对于大象而言是有力的武器，是挖掘水源、获取食物等的工具，也是强健威武的象征，象牙越长越威风的雄象更容易赢得雌象的芳心。而象牙是与大象头骨相连的，人们为了获取完整的象牙，会直接将大象的头劈开，象牙被取走，大象会在极端的痛苦中慢慢死去。

猎杀大象的危害还远不止于此，目睹父母惨死的小象会出现创伤后应激障碍，行为失常；象群中强壮有力的成年象的减少也会导致整个象群社会走向灭绝；在热带雨林里，大象是最大的植物种子散播者，对于维持雨林生机起着重要作用，雨林也离不开大象……

象牙本应是大象引以为傲的标志，却成了招致杀身之祸的不祥之物。在狩猎者的迫害下，亚洲象的象牙已经发生了变化。

以前，多数雄象都有长长的象牙，而少数没有长牙的雄象才能幸存下来，传宗接代，如今，斯里兰卡已经有约 90% 的雄象没有长牙了。未来，又长又威风的象牙会不会只能是传说了？

对野生物种的商业性获取，其结果是导致物种的"商业性灭绝"。目前，全球每年的野生动物黑市交易额都在 100 亿美元以上，与军火、毒品并驾齐驱，销蚀着人类的良心，加重着世界的罪孽，这是不是很可怕？

第三，是盲目引种。人类盲目引种对濒危、稀有脊椎动物的威胁程度约达 19%，对岛屿物种而言则是致命的。公元 400 年，波利尼西亚人进入夏威夷，带去鼠、犬、猪，使该地半数的鸟类灭绝了。1778 年，欧洲人又带去了猫、马、牛、山羊、新种类的鼠及鸟，加上砍伐森林、开垦土地，又使 17 种当地特有的鸟类灭绝了。人们引进猫鼬是为了对付从前错误引入的鼠类，不料，却将岛上不会飞的秧鸡吃绝了。

16 世纪，欧洲人相继进入毛里求斯，葡萄牙人以及荷兰人都把那里作为航海的中转站，同时随意引入了猴和猪，结果 8 种爬行动物和 19 种当地鸟类先后灭绝了，特别是渡渡鸟。在新西兰斯蒂芬岛，有一种该岛特有的异鹩，由于灯塔看守人带来一只猫，到 1894 年，这位捕食者竟将岛上的全部异鹩消灭了。你能想象吗？这是一只动物灭绝了一个物种！

　　第四，是污染环境。1962年，美国科普作家蕾切尔·卡逊著的《寂静的春天》引起了全球对农药危害性的关注。人类为了经济目的，急功近利地向自然界施放有毒物质的行为不胜枚举，这些有毒物质包括化工产品、汽车尾气、工业废水、有毒金属、泄漏的原油、固体垃圾、去污剂、制冷剂、防腐剂……除此之外，海洋中军事及船舶的噪声污染也在干扰着鲸类的通信和取食行为。

　　科学家发现，对环境质量高度敏感的两栖、爬行动物正在大范围地消失。温度增高、紫外光线强化、栖息地分割、化学物质横溢……已使蝉噪蛙鸣渐行渐远。与其他因素不同，污染对物种的影响是微妙的、积累的、慢性的，是致生物于死地的"软刀子"，其危害程度与生境丧失不相上下。

死去的黑背信天翁体内堆满了塑料等垃圾。

灭绝的连锁反应

由于作为地球上绝对优势种群的人类对自然事物的蛮横干涉，在生境丧失、过度开发、盲目引种、环境污染等因素的综合作用下，野生物种大量走向灭绝，一些大型脊椎动物被记录了下来，而未被记录的灭绝物种，特别是无脊椎动物，则要多得多。无齿大海牛在被发现26年后便遭灭绝。更多的物种尚未有机会与你相见，便默默逝去了。

自然界的芸芸众生历经千万年的演变、进化，各得其所、各司其职，在生物圈的能量流动、物质循环、信息传递过程中发挥着不同的作用，扮演着各自的角色。任何一个物种的非正常灭绝，对我们来说，都是无可挽回的损失。一个物种的消失，至少意味着一座复杂的、独特的基因库的毁灭，相当于我们的子孙又少了一种可供选用的"种子"。

正如歌德所言："万物相形以生，众生互惠而成。"一个物种的存亡，同时还影响着与之相

普通
COMMON
1680年灭绝

关的多个物种的消长。当一个物种的局部灭绝大大改变和影响其他物种的种群大小时，就会连锁性、累加性、潜在性地导致其他物种接二连三地灭绝。据研究，每消灭 1 种植物，就会有 10～30 种依附于它的其他植物、昆虫及高等动物随后覆灭。

你玩过多米诺骨牌吗？这种现象正如多米诺骨牌。在北京麋鹿苑的灭绝动物墓地，物种灭绝的连锁反应就以多米诺骨牌的形式生动地展示给大家。灭绝动物的墓碑一个接一个地倒下，墓碑上的动物名字可能你好多都不认识，它们就这样悄无声息地从地球上消失。但愿不会有那么一天，墓碑上的名字变成"人类"。

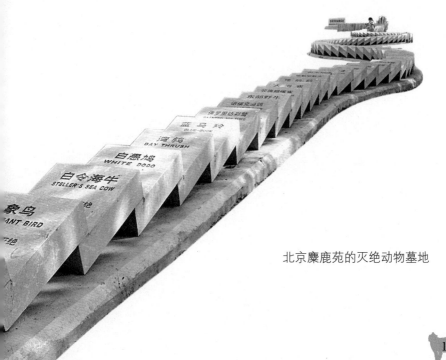

北京麋鹿苑的灭绝动物墓地

动物为需

动物不仅为我们提供了肉、蛋、奶、皮革、丝绸等，满足了我们衣、食、住、行、用方方面面的需求，还具有传粉、传播种子、控制虫害等重要作用。人类乃至整个地球，都离不开动物，离不开生物的多样性。

蝙蝠带来福气

提起蝙蝠，你是不是容易想到一些可怕的事物？比如传染病、吸血鬼。蝙蝠长得不算可爱，还爱住在阴森森的洞穴里，再加上身上携带许多细菌、病毒，难免让人产生不太好的联想。在中国古代，人们可不这么想，古人将蝙蝠视为福寿之物，认为它们是吉祥的象征，因为"蝠"谐音"福"，所以古人认为蝙蝠可以带来福气。

事实上，蝙蝠的确为人类和大自然带来很多益处，堪称"大功臣"。大多数蝙蝠以昆虫为食，有助于控制虫害，保护生物多样性的经济和生态价值。例如在美国佛罗里达州，3万只左右的东南亚鼠耳蝠每年能吃掉约50吨昆虫；得克萨斯州的巴西犬吻蝠，每年6月会吃掉大量北美洲的头号农业害虫棉铃虫。2015年美国科学院院刊发表了一篇研究蝙蝠的文章，指出蝙蝠在玉米作物上，每年贡献超过10亿美元的生态服务。它们不仅直接抑制农业害虫，还间接抑制与虫害相关的真菌，

吃花蜜的蝙蝠

减少这些真菌产生的有毒化合物。

蝙蝠还能帮助植物授粉。有些蝙蝠以花粉和花蜜为食，在觅食的过程中它们能够完成授粉。这类蝙蝠主要是狐蝠科和叶口蝠科的成员。它们倾向于授粉那些大而艳丽、白色或浅色的花，这些花在夜间开放且有强烈的气味。

蝙蝠是热带气候中非常重要的传粉者，大多数访花蝙蝠主要分布于东南亚和太平洋岛屿。有些地区的植物比起蜜蜂和鸟类等，更依赖蝙蝠授粉。每年有 67 科、500 多种热带植物通过蝙蝠授粉，而其中 300 多种是水果植物。假如没有蝙蝠的授粉，植物就无法正常生长，无法为动物提供食物和庇护，当地的生态系统可能会逐渐崩溃。榴梿、猴面包树等都是通过蝙蝠授粉的。

蝙蝠还能传播种子。蝙蝠是唯一演化出真正飞翔能力的哺乳动物，像鸟一样，会到处飞。有些爱吃果实的蝙蝠会将无法消化的果实种子排出体外，这样种子就跟着蝙蝠扩散到了各地，保证了区域物种的多样性。蝙蝠传播的种子比鸟类要多得多，许多蝙蝠传播的是先锋植物种子，是最早在恶劣环境中生长的种子。随着这些植物的生长，其他对环境要求较高的植物才能生长。无花果、腰果、制作龙舌兰酒用的龙舌兰植物等，都是靠蝙蝠传播种子。

此外，蝙蝠还为科学的发展做出了贡献。蝙蝠是夜行动物，但眼睛却不好使，主要靠"听音辨位"。它们的头部具有发送和接收超声波的结构，能通过发射超声波并根据反射回的声波辨别物体。蝙蝠发射出的超声波碰到飞舞的昆虫能立刻反射回来，这时，蝙蝠就知道周围有吃的了。人类据此发明的雷达能及时探测出敌机的方位和距离，以便发出警报，然后进行狙击。蝙蝠身上带有那么多致病菌、病毒等，为什么它们不会生病呢？科学家们正在研究它们"百毒不侵"的秘密，还有科学团队在蝙蝠的基因中找到了有助于抑制新冠病毒的抑制剂，可以说，蝙蝠推动着人类科学与医学的进展。

离不开的蜜蜂

如果说人们对蝙蝠的印象往往是负面的，那么人们对于蜜蜂的印象则常常是正面的，比如"勤劳的小蜜蜂"。每年5月20日是联合国确定的"世界蜜蜂日"，到时候别忘了给蜜蜂"表个白"，因为我们真的离不开蜜蜂。

蜜蜂最著名的本领就是授粉，全球被子植物中约有80%通过虫媒传粉，其中主要的传粉昆虫是蜜蜂。只有经过授粉，植物才能繁衍后代，生生不息，正是蜜蜂等昆虫与植物的协同进化，才使地球生物多样性得到最大化的保障。植物还制造着人类以及其他动物赖以生存的氧气，假如没有蜜蜂授粉，将会有许多植物无法繁衍，地球上的氧气也将不再充足，这后果多么严重！

全球2万多种蜜蜂保证着我们的粮果蔬安全，实现的总价值超过2300亿美元。世界上约76%的粮食作物都需通过蜂媒才能得以繁衍和收获。人类至少有1000种作物依赖蜂媒传粉。虽然现在有人工授粉的方式，但是一来成本较高，二来人工授粉可能会加入一些像膨大剂、生长激素等东西，远不如野生蜜蜂授粉来得好。

此外，你爱吃的蜂蜜，广泛应用于化妆品制造业、医药工业、食品工业、农业等领域的蜂蜡，也都离不开蜜蜂。蜂蜜是自然界中非常珍贵的能量来源，也是许多动物喜爱的食物。

但是目前，全世界的蜜蜂数量正在急剧下降。美国的蜜蜂数量自第二次世界大战结束到 2007 年已减少了将近一半。中国的蜜蜂在 20 世纪 90 年代中期之后的 10 年里减少了 10% 左右，特别是中华蜜蜂种群数量大大减少。很多野生蜜蜂的物种在被发现之前就已经灭绝了。全球气候变化、外来物种入侵等都与此相关，同时，人类活动造成的环境污染、土地利用侵占蜜蜂栖息地等也是造成蜜蜂数量减少的原因。

🐾 动物名片

中华蜜蜂

拉丁学名：*Apis cerana*

别　　称：中华蜂、中蜂、土蜂

分　　类：膜翅目蜜蜂科蜜蜂属东方蜜蜂种

分　　布：中国

〉"鸟军"治蝗

2020 年 2 月份，巴基斯坦遭遇严重蝗灾，微博上出现一条热搜"浙江 10 万只鸭子出征巴基斯坦灭蝗"，虽然后来证实这是谣传，中国派出相关专家帮助巴基斯坦灭蝗，鸭子并未出征，但是中国浙江绍兴的鸭子确确实实是灭蝗高手，曾立下过汗马功劳。

2000 年 5 月，新疆北部发生特大蝗灾，3000 万亩土地被亚洲飞蝗侵袭。10 万"鸭兵"作为灭蝗战士，"南鸭北调"，乘飞机到达新疆灾区。不用人们多费心，鸭子们每天早上就自己主动出去吃蝗虫，吃累了就去附近小河沟喝水休息，而晚上 7 点多再次出发，9 点多再排队回来。一只鸭子能吃 100 多只蝗虫。每天能在大草原上随意地吃喝玩乐，对于鸭子们来讲，这想必也是一段无忧无虑的难忘时光。

中国是受蝗灾最严重的国家之一，在长期与蝗虫的斗争中，人们想了不少办法：篝火诱杀、开沟陷杀、器具捕打、掘

除蝗卵……手段虽多,但这样的人力捕杀,在遮天蔽日的蝗虫面前,往往杯水车薪。后来,人们学会了生物防治法——让蝗虫的天敌来把它们吃掉!除了鸭子,还有鸡、椋鸟等。

新疆自古以来就是一个蝗灾多发的地方,当地人民一直在和蝗虫做斗争。牧民们养了几十万只应付蝗灾的灭蝗牧鸡。这些牧鸡都是"战斗鸡",从小就接受训练,可以听着特定哨声跟着牧民的拖拉机跑,这称作"牧鸡治蝗"。

中央电视台农业农村频道曾经报道过牧鸡治蝗的故事。拖拉机牵上移动牧鸡车缓缓前行,珍珠鸡成群结队地跟在后面。全军出"鸡"后,牧鸡走到哪儿吃到哪儿,有效防治蝗虫。一只牧鸡能防治好几亩地,跟着牧民转场。这些牧鸡的鸡苗由国家免费发放,饲料都是蝗虫,牧鸡们活动量充足,一个个长得白白嫩嫩。

如果蝗虫飞得太高,牧鸡也搞不定怎么办?这时候就要请出另一支救兵:粉红椋鸟。从 19 世纪 80 年代起,新疆的蝗虫易生区到处都建有石碓来吸引粉红椋鸟。每年 5 月,随着蝗虫孵化,这种夏候鸟也正好来这里繁殖。有人在蝗区给它们搭房子,相当于包吃包住。"优良待遇"吸引了大批粉红椋鸟拖家带口来此停留。椋鸟孵化区的小鸟食量惊人,每一只成年鸟每天能捕食近 200 只蝗虫,再加上繁殖的雏鸟,战斗力更是不可小虮。有的年份蝗虫繁殖得少，新疆甚至还会专门停止农药杀蝗，来满足粉红椋鸟的胃口。

粉红椋鸟

生物多样性很重要

有的生物对人类有益，而有的生物似乎没有什么用处，甚至有害，那我们是不是只需要那些"好"的生物就够了？你可千万别这么想，我们需要的不是某一种或几种生物，而是尊重和保护地球生物的多样性。生物多样性究竟有多重要呢？有了生物多样性，才有良好的生态系统。地球保持生机和健康，生活在地球上的我们才能保持生机和健康。

生物多样性可以让人们直接收获和使用生物资源，如人们从自然界中获得薪柴、蔬菜、水果、肉类、毛皮、医药、建筑材料等生产生活必需品。除了直接获取资源，保护生物多样性还可以为人类社会带来更多更大的利益。如森林湿地等生态系统可提供物资供应服务、管理服务、文化服务、支持服务、农业服务等。生态旅游越来越火，野外观鸟、赏花、森林浴等，能创造巨大的收益。

再往深远说，现在自然界中的许多野生动植物都具备潜在

120

价值。如野生动植物资源的基因为农作物或家禽、家畜的育种提供了更多可供选择的机会，如家猪与野猪杂交培育形成瘦肉型猪的新品种。

生物多样性如此重要，却在不断遭到破坏。由联合国发布的《千年生态系统评估报告》指出，在过去 50 年里，人类比有史以来任何时期都更快速和更严重地破坏了生态系统，其危害是不可逆的。生态系统环环相扣，各种物种唇齿相依。资源枯竭、气候恶化、全球变暖……人类行为的恶果正逐一显现，究竟何时人类才知道悬崖勒马呢？

被破坏的森林

动物
为侣

· 后来居上的猫
· 伴你左右的狗
· 身边的其他动物
· 如何对待动物伴侣

说到作为伴侣的动物，你是不是一下就想到了自己家的猫或狗？没错，宠物当然是人身边最亲近的动物伴侣，除了宠物，你的身边还有哪些动物呢？我们和它们又该如何相处？

后来居上的猫

　　猫是人们十分熟悉的动物，但其实猫并不是中国土生土长的，而是"舶来品"。主流学者认为，家猫的祖先来自非洲。英文的"猫"称"cat"，来自古闪米特语，为"亚麻布"之意，今天的"棉花"一词"cotton"也衍生于此，其原始含义是古埃及包裹猫木乃伊的材料。猫在埃及是介于神话与宗教之间、太阳与月亮之间的尤物。在埃及的一些地方，侵犯猫的行为是会引起众怒的。

　　尽管猫不是中国本土的，但家猫在中国的历史也已经有几千年了。西周时期，《诗经·大雅·韩奕》中已有"有猫有虎"的说法。猫能捕捉老鼠，虎能驱赶野猪，古人清楚，一些动物可以控制另一些为害庄稼的动物。周代，中原人开始养猫，它们产于陕甘宁，属于西来之物。有学者认为，中国家猫的家化时间始于周代，但在河姆渡的新石器时代遗址中，人们发现了类似家猫骨头的遗迹，说明在5000～7000年前的新石器时代，中国人已经开始驯化猫了。

家猫的起源大体有东、西两条线索：在西方，欧洲的家猫源于非洲野猫，是埃及人在公元前 1500 年～公元前 4200 年驯化的；在东方，中国家猫源于沙漠野猫，驯化时间约在公元前 11 世纪的周代。

猫在分类上属于食肉目猫科猫属，在猫科动物中，从大个头儿的狮、虎、豹到小个头儿的猫，林林总总，称"猫"的就有 30 多种，如丛林猫、荒漠猫、山地猫、草原猫，是以生境特点命名的；黑足猫、扁头猫、虎斑猫、锈斑猫、长尾猫、细腰猫，是以形态特征命名的。家猫只是猫属中的一个种，人类选育出的家猫品系就更多了，如你熟悉的波斯猫、三色猫、狸花猫、短尾猫……简直让人眼花缭乱。

猫具有很强的繁殖力，一只家猫一年可以产崽约 30 只。猫不挑食，从鱼到老鼠，通吃；能上能下，能屈能伸，随意；

从高处落下总能化险为夷，命大。我们邻居养猫数只，其中一只名叫大白的母猫，一次不慎从 12 层楼跌落，竟然没有摔死，现在还身手矫捷，来去如风，号称"一道白光"。据资料记载，猫的时速可达 46 千米。

人们养猫的最初目的是捕鼠。《礼记》中有"迎猫，为其食田鼠也"的记载。当人类发明了储藏食物的方法，特别是进入农业社会有了谷仓后，老鼠便成了心腹之患。鼠的天敌虽然很多，如猫头鹰、蛇、鼬……但只有猫既捕鼠，又可爱，于是，早期人类便将野猫崽从野外带回驻地，作为宠物饲养起来。野猫长大后，桀骜不驯的被放掉或宰杀了，温驯的被留下来，逐渐被培养成今天我们见到的家猫。

自古老鼠怕猫的记载不绝于书，如今，城市中老鼠横行的日子已成历史，猫的实际功能似乎消失殆尽。通常，人们认为猫不如狗"有良心"，狗忠诚，能看家，出门在外，主人走到哪儿狗就跟到哪儿；猫则只认家，来了生人也不轰，来了小偷

也不撵，一出门，猫就爱谁谁了，完全一副特立独行、我行我素的派头。

猫性与狗性的差别，实际上表现了它们不同的驯化程度。狗与人相伴至少已经约1.5万年了，而猫的驯化史才五六千年。但是，猫大有后来者居上的势态。在美国，宠物猫数量约达6000万只。毕竟，猫的柔媚、猫的轻盈、猫的华丽、猫的洁净，使之颇为受宠，成为人们生活中十分理想的伴侣动物。猫是人的心理安慰、精神寄托，能够帮助人缓解精神压力。养猫就是现代人治疗心理疾病的一剂良方，可让人减少看心理医生的费用支出。近年来，猫粮及猫砂等猫用具的买卖更是异军突起，可见猫还具有不可忽视的经济价值。

虽然猫常被人们奉为"猫主子"，但它们的命运却大相径庭，有的享尽荣华富贵，有的饱经饥寒屈辱。人们大肆养猫，但同时，被遗弃、出走的猫也像城市中小汽车的数量一样与日俱增，对猫、对人、对环境都会产生不良影响。

养宠物像养孩子一样，要有责任心，不能只养不教、只养不管。为了人的健康，为了猫的福利，猫必须"计划生育"。而且，人与猫不宜过度亲昵，饲养密度也不宜过高，否则人和猫的健康都会受到威胁，容易感染弓形虫、B病毒、狂犬病毒等。

猫趾底有脂肪质肉垫，可避免走路时
发出声音，爪能自由伸缩。

伴你左右的狗

　　狗与人的缘分从很久之前就开始了，在中国新石器时代的遗址中，已经不乏家犬的骨骼遗骸。狗不仅是人们的忠实伴侣，还有着丰富的文化内涵。许多带"犬"的汉字最早的含义都与狗相关。最早的"犬"字出现在商朝的青铜器上；甲骨文中繁体的"兽"字带犬字旁，是当时用犬狩猎的缘故；"臭"字结构含义"上鼻下犬"，说明古人已经意识到狗有嗅觉灵敏之长；"器"字中有"犬"，表示储食的大缸由犬看守。

　　西方人对狗更是喜爱有加。文艺复兴时期的绘画作品中，

狗的出现频率很高，当时人们认为，狗会给女主人增添魅力。法国巴黎卢浮宫收藏有《女猎神戴安娜》及一些 15 世纪意大利画家描绘狩猎场面的绘画作品，其中都有狗相伴助猎。古埃及人对狗膜拜之至，把狗视为亡灵接引之神的现世肉身；古希腊人认为，狗是生死之门的看守；古苏丹人和北美原住民都视狗为阴阳两界的信使；爱斯基摩人认为，被赋予了人类名字的狗，便具有了灵魂，因而他们会以自己过世的亲人之名来命名狗。

奇怪的是，狗在很多民族和地区的象征意义褒贬不一，甚至是相反的。我们一方面认为狗是忠实的伴侣，是"忠臣"，古人云"犬有湿草之恩，马有垂缰之报"，这是中华民族关于动物为人类尽心竭力服务、极尽"犬马之劳"的典故。另一方面，我们又在很多贬义表达中使用"狗"，什么"狗改不了吃屎""狗嘴里吐不出象牙""狼心狗肺""汉奸走狗""狗头军师"……东西方皆然。

在生物界，与狗亲缘关系最近的就是狼。达尔文认为，狗是由世界上不同地区的人在不同时期用不同的狼驯化而来的。根据考古学证据，狗是人类最早驯化的动物。家犬的驯化来源和地点是多极的，而非单一的，来源动物不只有狼，还可能有豺、野狗，被驯化的狗不止一种，驯狗的民族也不止一个。人有了狗之后，狩猎活动就变得无往而不胜了。

狗的眼睛无法分辨各种色彩，
绿色在它眼中是白色。

狗是如何被驯化的呢？人们猜测，猎人出猎时，常有野狗或狼等犬科动物跟踪。禽兽被猎伤后，这些犬科动物便来凑热闹，猎人一般是将其赶走，但收拾猎物后抛弃的残渣、内脏等，则可以扔给这些眼巴巴的守候者。久而久之，猎人便与这些犬科动物相互熟悉，产生了感情，变成"狐朋狗友"了。一些野狗干脆伴人而居，逐渐形成了相得益彰的生存伙伴关系。

关于狗的驯化，还有另外一个版本。可能在远古的某一天，猎人掏了狼窝，将一堆狼崽带回驻地，让妇女儿童照顾一下。小狼崽们有着小圆脸和大眼睛，憨态可掬，活泼乖巧。它们善于戏耍、跳跃，或低鸣，或咆哮，或摇尾乞怜，或追跑打闹，一派生机。玩累了的小崽便婴儿般地陷入沉睡，均匀地喘息，毛茸茸的小身子蜷伏着。这一切都极易唤醒人类藏于心底的爱意。善良之心便成为古人驯化狗的滥觞。在人狗互动、人狗互惠中，人类开启了驯化动物的历史。

全世界形形色色的狗达400余种，小到不足1千克的吉娃娃，大至约100千克的大丹犬，无论是纯种还是杂种，在人类的家庭生活与人伦世故中，都扮演着不容忽视的角色，对我们的心理和生理大有裨益。宠物狗现身说法，为孩子们提供行动的楷模，随时展现着它们天性中的忠勇、真诚、智慧、活泼。负责任的饲养可以延伸出尽善尽美的亲人般的人狗关系。狗作为宠物，是帮人排解孤寂的伴侣，还能成为治疗人伤痛的"心理医生"。

养狗的人大都不会否认狗拥有感情，狗也在潜移默化地影响着人类的情感世界。狗既为我们狩猎、放牧、看家护院，也是我们忠实、贴心的伴侣，有益于我们的身心健康以及良好品性的培养。狗最令人感激之处就是它们无条件地付出全部友情，它们可能是世界上唯一一种爱你胜过爱自己的动物了。

狗作为一种与人长期共存、依依相伴的兽类，深刻地影响着我们的生活和文化。人和狗同作为社会性的动物，同具有丰富的情感和情绪，是相互为侣，而非单向的赏赐或赏识。但不容忽视的是，人若对狗驯养不当，给予它们的福利条件过差，饲养密度过高，管理失控，也会乐极生悲，导致各种疾病，如狗带来的狂犬病死亡率几乎是百分之百。

狗是人类的好朋友。

身边的其他动物

与动物相依为命，或为伴为侣，是个广义的概念。中国自古就有"梅妻鹤子"的佳话。从某种程度上说，城市野生动物们都是你的日常"伴侣"。

也许你会问，城市里还有野生动物？当然有。麻雀、喜鹊就不说了，只要你留心，像燕子、斑鸠、啄木鸟还是容易见到的。我作为一个观鸟爱好者，总会左顾右盼地寻找各种鸟儿

城市中的鸟群

136

的身影。如果你学会观鸟，就像获得了一张进入自然剧场的门票，而且是终身免费的，是不是很棒？

只要稍加留意，你就会发现你身边的动物简直异彩纷呈，像唯一会飞的哺乳动物蝙蝠、古老的爬行动物壁虎、家鸭的祖先绿头鸭、被人们奉为"大仙"的黄鼠狼、昼伏夜出的老鼠……昆虫种类更是不计其数。

城市野生动物只能在生态环境适宜的条件下生存，即有栖息和隐蔽之处，有水和食物来源且无过度的污染。否则，树被砍了，水污了，空气脏了，动物自然就会流离失所，甚至还可能中毒身亡，销声匿迹，那不就成了《寂静的春天》一书所描述的那样了吗？而这种情形对人的生存也一样造成威胁，因为人也是一种动物，我们跟动物们是"远亲"，生活在同一个生物圈。人与动物相互为侣、互惠共生，是一个生命共同体。

动物名片

黄鼬

拉丁学名：*Mustela sibirica*

别　　称：黄鼠狼、黄皮子、黄大仙等

分　　类：食肉目鼬科鼬属

分　　布：不丹、中国、印度等地

如何对待动物伴侣

你觉得什么叫作以动物为侣？是把动物当作宠物养在身边吗？其实，那可能仅仅是一种满足你自己占有欲的爱。以动物为侣，不仅要求它满足你，你也要满足它，即尊重动物的权利和异质性，与其相互为侣。

养宠物之前要深思熟虑，不要一时冲动，你要确定自己能够好好爱它并对它的一生负责。有些学生在住宿期间养猫、养狗，毕业了带不走猫、狗，就直接把它们扔掉，它们就会沦为没人疼爱和照料的流浪儿。你的一生很长，而猫、狗的一生很短，假如你对它们始乱终弃，对它们造成的伤害将是一辈子的。

除了你自己的宠物，也别忘了照顾一下城市野生动物，给它们留个家。尽管我们的国家体育场称"鸟巢"，但真正能够供鸟营巢的建筑简直是凤毛麟角，现代城市建筑对野生动物的生存很不友好。本来古人设计的房子是鸟类——特别是雨燕和蝙蝠理想的栖息之所，表现出先人的睿智和好生之德，还因此留有"燕子不住愁房""此蝠与福同"等民谚。而现代的高楼大厦不仅使鸟儿无以栖身筑巢，那些镜子般的玻璃幕墙更是误导飞鸟的死亡陷阱。加拿大文明博物馆曾为秋季撞死在大楼玻璃幕墙上的鸟类做了一个展览，共 2000 余只，30 余种。摆在人们面前的成堆尸骨，曾经都是鲜活的飞舞生灵。与其说这是一个生物科学的展览，不如说这是一次生态伦理的控诉。

如果你将来成为建筑师，千万别忘了在设计人居建筑时，也捎带顾及一下城市野生动物，给它们保留一些生息之所，而非制造血光之灾。

动物名片

凤头树燕

拉丁学名：*Hemiprocne cornata*
分　　类：雨燕目凤头雨燕科凤头雨燕属
分　　布：印度、中国、缅甸等
习　　性：以蚁、蛾等为食

动物
为师

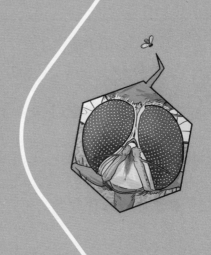

把动物当成老师，你能向它们学习什么呢？从师法自然的角度，仿生为初级，求生为本质。动物不仅在技术层面给人类以启发，还有着独特的生存智慧。

神奇的仿生科技

什么是仿生学呢？仿生学就是研究生物系统的结构和功能，为工程技术提供新的设计思想及工作原理的学科。仿生学的研究目的在于制造各种模仿生物结构和运动原理的器械。广泛地运用类比、模拟和模型方法是仿生学研究的突出特点。

人类仿照蟹钳制作剪刀。

143

仿生学的研究范围主要包括力学仿生、分子仿生、能量仿生、信息与控制仿生等。如在军事上，人们模仿海豚皮肤的沟槽结构，把人工海豚皮包敷在船舰外壳上，可减少航行中的湍流阻力，提高航速，这是力学仿生；人们研究森林害虫舞毒蛾性引诱激素的化学结构，据此合成了一种类似的有机化合物，在田间捕虫笼中用千万分之一克，便可诱捕雄虫，这是分子仿生。

许多看似不起眼的动物身上隐藏着诸多奥秘，启发着人类进行发明创造。

苍蝇拥有复眼，观察物体比人类更为仔细和全面，当看到目标后，苍蝇能够立刻出动。人类根据苍蝇复眼原理发明了蝇眼航空照相机，一次能拍摄 1000 多张高清照片。天文学研究中也有能在无月光的夜晚探测到空气簸射光线的蝇眼光学仪器。

蝴蝶翅膀上有很多小坑，当阳光照射在蝴蝶翅膀上的时候，由于光的折射作用，人眼看到的蝴蝶是绿色的。人类据此在纸币或信用卡上设置了许多小坑，这样，无论假币有多么逼真，都难逃光学设备的"法眼"。

萤火虫自带"发光器"——它们自身的荧光素和荧光酶与氧气发生反应，能将化学能转化成光能。氧气越充分，萤火虫发出的光就越强烈。人类发现由荧光素和水等物质混合而成的

仿蝇眼照相机能拍出360度全景照片。

生物光源，可在充满爆炸性气体瓦斯的矿井中充当闪光灯，且不会引爆瓦斯。

还有学自响尾蛇的红外技术、学自蝇翅的平衡导航技术、学自蝙蝠的回声定位技术、学自猫眼的微光夜视技术、学自蛛网的超级强度材料……大千世界无奇不有，我们向动物学习的例子不胜枚举。但是由于生物系统的复杂性，搞清某种生物系统的机制需要相当长的研究周期，而且应用到现实中需要多学科长时间的密切合作，仿生学的发展道路还很漫长。

动物
名片

草原响尾蛇

拉丁学名：*Crotalus viridis*

分　　类：蛇目蝰蛇科响尾蛇属

分　　布：加拿大、墨西哥

习　　性：以鸟类、哺乳动物和爬行动物为食

蜂鸟的无害化生存

　　动物们不仅在技术层面上给我们以启发，亦在生存智慧上使我们受益。鹰击长空，鱼翔浅底，大自然蕴藏着无穷智慧，芸芸众生的生存方式值得人类学习。人类历来看重的是动物的经济价值和科研价值，殊不知，野生动物历经磨难进化至今，各有一套适应自然、与自然协同发展的生活方式。

　　在我们推崇可持续发展的今天，不妨看一看、想一想，哪种动物的生存是不可持续的？我们能从中得到什么启迪？

　　在群芳吐蕊的花丛中，一只小鸟翩翩而来，停在一朵红花前。它不是落在枝杈上，而是像直升机似的悬在空中，利用细长的喙，小心翼翼地吸吮、采食花蜜，然后又了无痕迹地悄然而去。这里似乎什么也没有发生过，鲜花依旧怒放，就连叶子上的露珠也未曾因这鸟儿的造访而抖落。

　　这就是蜂鸟，一种西半球特有的鸟。蜂鸟共有300多种，体大者如燕，体小者如蜂，飞行速度极快，轻巧而灵活。蜂鸟

147

蜂鸟的嘴细长，舌头伸缩自由，
能伸到花蕊中沾蜜吃。

因双翅振动如同蜂鸣而得名，但有别于蜜蜂的是，它们在空中悬停采蜜，其飞翔技能高超完美，上飞、下飞、侧飞、倒飞，简直随心所欲。更重要的是它们有细长略弯的喙和灵活伸缩的舌头，舌头能伸出喙端，卷成管状吸食花蜜，所以，觅食时丝毫不破坏花朵。

蜂鸟以最小的自然消耗，取得了最大的经济效益，既满足了自身的生理需求，又没有蹂躏花朵。蜂鸟的这种与自然和谐相处的生存策略不正符合我们人类所推行的"无害化生产"吗？比起人类为建一个工厂就污染一条河，为开一座矿就炸平一座山的方式，孰高孰低？

🐾 动物名片

黑颏北蜂鸟

拉丁学名：*Archilochus alexandri*

分　　类：蜂鸟目蜂鸟科黑颏北蜂鸟属

分　　布：美国、加拿大等地

习　　性：以花蜜为食

动物与人那些事

适度消费的大猩猩

在全世界 400 多种灵长类动物中，大猩猩是体形最大的，重者可达 300 千克左右。同时，大猩猩也是最纯粹的素食主义者，在它们的食谱中，树叶的比例约占 86%。与之相比较，树叶在黑猩猩的食谱中约占 28%，在黄猩猩的食谱中约占 22%。

由于体形大、耗能高，大猩猩采取与大熊猫相似的采食对策：多吃多拉。你也许会问："大猩猩这么能吃，会不会把树木啃秃、把森林破坏掉呢？"这种担心是多余的。一方面，大猩猩的活动领域很大，每群占地 4～30 平方千米；另一方面，大猩猩从不固守一地，而是走走停停，在游荡中采食，有节制地利用一地的植物资源，不等把一棵树、一片灌丛的树叶吃完就又迁向新的采食地。

它们似乎很清楚"过度采伐"的危害性和"休养生息"的重要性。假如长期滞留在一个地方，把树木、花草、果实一律剥光吃净，就会导致资源枯竭，植物的死亡就意味着食

150

大猩猩在猿类中体形最大，
栖息在非洲的热带雨林中。

物的断绝。因此，大猩猩总是适可而止地采食树叶，以持续有节的方式使用可再生资源，使种群的发展维持在环境的承受能力以内。

人类传统农牧业的轮耕、游牧都体现着这类持续利用资源的生存智慧，与大猩猩走走吃吃的方式有异曲同工之妙。而工业革命以来，人类对森林资源掠夺式的采伐，对土地破坏性的开垦，为了商业目的杀鸡取卵、竭泽而渔式的渔猎活动，大大超过了生态环境的自净能力、恢复能力和承载能力，是"吃祖宗饭、造子孙孽"的寅吃卯粮的做法。难怪有人曾说："文明人跨越过地球表面，在他们的足迹所到之处留下一片荒漠。"由于过度开垦、破坏草原和森林，地球上荒漠化的土地正迅速蔓延。荒漠是生命的地狱、是地球的癌变。此刻，我们该不该在以素食为主、过有节制生活的大猩猩面前扪心自问："究竟哪种生存方式才是可持续的？"

素食明星大熊猫

大熊猫的伟大之处在于它们能够自我调节采食行为，以顺应环境。

大熊猫仅分布于中国腹地，是一种在地球上进化了约800万年的孑遗物种，为食肉目熊科，也有将其单独列为大熊猫科的。它们历经磨难，挨过了一次次冷暖风寒，目睹了一次次沧海桑田，神奇地延续至今，并不是因为它们有多么高超的智力和矫健的身手，而是凭借其顺应环境、自我调节的强大适应力。

大熊猫本是食肉动物，随着地球温度的变化，可捕食的对象越来越少，为了种群的延续，它们"痛改"食肉习性，过起了"宁可食无肉，不可居无竹"的隐士般的生活，深居简出，风餐露宿，食冷竹而饮冰泉，出没于高山深谷，万古悠悠，与世无争。

尽管这样，祖先留给它们的消化系统和生理结构也未完全令其适应食素的生活。大熊猫采食竹子的消化率很低，平均消

153

大熊猫吃竹子，不仅能吸收其中的营养，体内的"垃圾"还能被竹纤维"清扫"出来。

化率仅为17%左右。它们不得不一方面大量采食，一方面降低耗能运动，以满足生存需求。大熊猫选择分布广、密度高、产量大且与其他动物无争的竹类为食，为了节能，大熊猫深居简出，其活动范围即巢域是同体形食肉目动物中最小的。黑熊的巢域超过30平方千米，而大熊猫的家园仅为4～7平方千米。它们一生都在这个小天地中，过着简朴的生活。

曾与人类协同进化了几百万年的大熊猫，为什么偏偏到了今天就气数将尽？大熊猫的濒危不能简单地归咎于自然选择的结果，更多的还是人为因素。

大熊猫的形象被世界自然基金会和中国野生动物保护协会选为会标，它们是适者生存、保持生态平衡的象征，同时也是人类学习顺应环境、可持续发展的对象。

大熊猫等野生动物正以自己的生存危机、生存智慧来教育和劝诫人类。动物们尚且知道顺应自然、可持续发展，人类为什么就不能改邪归正、迷途知返呢？

动物为用

你在课本上是否学到过与巴甫洛夫的狗、克隆羊多莉有关的实验故事？在许多科学实验中，多亏了动物们的献身我们才能取得突破性进展。动物们还在生态系统中发挥着巨大的作用。

医学发展与动物

在天花病毒流行的18世纪，英国的一位乡村医生爱德华·詹纳发现，牛奶厂的挤奶女工多皮肤白皙，不易感染天花，他据此猜想人感染牛痘后就会具备抵抗天花病毒的免疫力，并通过实验证实了这一猜想，由此研发出预防天花的牛痘疫苗。牛痘本是牛的一种疾病，却阴差阳错地为人类战胜天花病毒做出巨大贡献。

动物与人类医学进步有着千丝万缕的联系，人们先在狗的身上接种狂犬疫苗，实验成功后再给人接种；从蛇的身上提取蛇毒研制抗病血清，从而得到蛇毒解药；从马的血液中提取抗白喉的血清……

人们很早就开始进行动物实验了。宋代寇宗奭在《本草衍义》的"自然铜"部分写道："有人饲折翅雁，后遂飞去。今人打扑损，研极细，水飞过，同当归、没药各半钱，以酒调，频服，仍以手摩痛处。"胡雁的翅膀折断了，有人给折翅胡雁

喂饲自然铜，骨伤愈合后，胡雁就展翅高飞了，相当于通过动物实验验证了自然铜对于治疗骨骼的作用。然后这个人又把实验结果应用到临床，给骨折病人服用自然铜治疗。

19世纪的法国生理学家克劳德·伯纳德是法国历史上第一位享有国葬礼遇的科学家，他曾这样写道："生命科学就是一个富丽堂皇和灯光绚丽的大厅，可能只有穿过一个长长的并且阴森恐怖的厨房才能到达。"在穿过这个阴森恐怖的"厨房"的过程中，不仅有大量实验动物的牺牲，还有很多动物实验者承受着非议，甚至付出了生命。

伯纳德坚持认为只有通过实验才能建立起生命科学，认为"只有在牺牲了某些生命后，才有可能将生命从死亡中拯救过来"。但是，伯纳德的妻子和女儿极力反对他做活体解剖，她们将大量的时间和金钱用在反对活体解剖者组织的各种活动上。在进行有关胃液消化能力方面的研究时，伯纳德将一根套管插进了狗的胃里，可这只狗在半夜带着管子逃跑了，伯纳德被人送到了警察局。好在盘问过后，局长认可了伯纳德的解释，并与他成为朋友。伯纳德是第一个完成心脏导管实验和第一个使器官离开人体组织后仍能存活的人，他的著作《实验医学研究导论》被后人视为生理学历史上的里程碑。

医学的不断进步，就是不断发现天使的福音和揭开魔鬼的面纱，这其中既有科学家们的辛苦钻研，也离不开实验动物的默默牺牲。尤其是药物开发进入临床前，需要做大量动物实验，探究药物的药效、毒性、安全剂量等。

德国细菌学家罗伯特·科赫通过将培养出的纯种结核杆菌制成悬液，注射进豚鼠的腹腔进行实验，发现并阐明了结核病的传染途径，因此荣获诺贝尔生理学或医学奖。科赫的学生保罗·欧立希与他的日本助手秦佐八郎用上万只老鼠做实验，终于发明了治疗梅毒的砷制剂"606"。"606"被人们誉为"梅毒的克星"，欧立希也荣获了诺贝尔生理学或医学奖。这些成就的取得都离不开实验动物的奉献。

保罗·欧立希在实验室。

谢谢你们，实验动物

每年 4 月 24 日是"世界实验动物日"，其前后一周则被称为"实验动物周"，世界各地都要举行一系列活动，纪念和感恩实验动物，呼吁人类科学、人道地开展动物实验，减少、停止不必要的动物实验。中国许多大学及科研院所等单位也开始设立实验动物的纪念碑，举行相关的纪念活动。的确，从遗传学到病理学，从基础研究到转化医学，无数的动物为人类的科学事业"鞠躬尽瘁，死而后已"，值得人们对其心怀敬意和感恩。

由于与人类非常相似，猴子成为动物实验中最常见的非人类灵长类动物。猴子多被用于研究药物与生物制品，以及药物安全性评价与食品安全检测。中国用于实验的多为猕猴与食蟹猴。

黑猩猩由于智商较高，被广泛用于心理学研究。在艾滋病研究领域，它们的价值也不可估量。美国还选择黑猩猩汉姆作为"宇航员"，将它送上了太空。

黑猩猩"宇航员"汉姆1961年被美国航天局送入太空。

UNLATCH COVER
WHEN NOT IN USE

鼠类因与人类基因相似度在 70% 以上，成为最常见的实验动物之一：约每 10 只实验动物中就有 9 只是小老鼠或大老鼠。小老鼠最适用于进行人类遗传病的研究，大老鼠则适用于癌症研究和毒物学实验。

此外，还有兔子、狗、果蝇、非洲爪蛙等，都是为人类健康安全和医学发展做出巨大贡献的实验动物。动物为我们献身，我们也应尽可能地善待它们。对待实验动物要遵循国际上公认的替代、减少、优化"3R"原则。替代（Replacement）是指用低等级动物代替高等级动物，或不使用动物而采用其他方法达到同样目的；减少（Reduction）是指尽量减少实验动物使用数量；优化（Refinement）是指对必须使用的实验动物，应尽量降低非人道方法的使用频率或危害程度。尊重、爱护实验动物，才不会违背尊重、爱护生命的初衷。

🐾 动物名片

豚鼠

拉丁学名：*Cavia Porcellus*

别　　称：天竺鼠、荷兰猪等

分　　类：啮齿目豚鼠科豚鼠属

分　　布：全球分布

动物各显神通

动物不仅推动了人类医学事业、科学事业的发展，还为维护地球生态平衡做着巨大贡献。地球上大小不一、形态各异的动物，各司其职，各显神通，为我们、为地球带来广泛的利益。

猩猩是种子的传播媒介，影响植被再生，帮助维护动植物多样性的完整；大象帮助植物发芽，帮助雨林再生，挖出新水洞，为人类和其他动物开路；长颈鹿帮助保护大草原上的洋槐树，让它们长得更高，以维持生态系统的平衡；河马是沼潭的看护者，河流的"浚疏机"，也是植被的施肥者；箭猪在拱土觅食的过程中，帮助散播果子，让泥土通气，也为泥土和种子蓄水；鸸鹋在帮助种子散播和发芽上效率极佳……

陆地上的动物们为生态环境做出的贡献不胜枚举，动物"空军"和"海军"也不甘落后。鸟类抑制虫害，传播种子，为植物授粉，如星鸦散播针叶树的种子，帮助其生长；鱼能帮助维持海洋生态系统里的 pH 值的稳定，减缓气候变化；磷虾

大象是陆地上最大的食草动物，
它的长鼻子是其自卫和取食的重要器官。

帮助减少海洋表面的二氧化碳；龙虾促进养分循环，其洞穴为动植物提供庇护；海牛能帮忙清理被植物堵塞的河道；海獭帮助维护海藻丛的健康生长……

有的动物看起来不起眼，功劳却不容忽视。昆虫帮助植物授粉，它们的排泄物可以使泥土更肥沃；蚂蚁让土地通气，还掘出管道，让水得以流向植物根部；蚯蚓能改良土质，让植物长得更好；青蛙对养分循环有辅助作用，是生态压力、杀虫剂效应和其他人类活动的指标……

每一种动物在生态系统中都占有一席之地，发挥着独特的作用。人类不需要过多干涉、刻意利用，就已经能获益良多了。在自然资源过度开发的今天，人类多尊重一下动物本来的生活，或许就能达到无为而治的效果呢。

⟩ 渔猎与狩猎

以动物为用，最"简单粗暴"的方式就是从远古时期流传下来的捕猎。渔猎与狩猎使我们的祖先得以吃饱穿暖，而发展至今，已过犹不及。合理的渔猎与狩猎要遵循生态规律。

第二次世界大战之后，现代渔业曾一度辉煌。但是，年复一年的过度捕捞，不仅使内陆河湖资源枯竭，也使汪洋大海面临资源匮竭的危险。为了自身发展的可持续，必须给动植物以休养生息之机。否则，印度思想家甘地的警告恐怕真要成为谶语："地球能够满足人类的需要，但不能满足人类的贪婪。"

目前这种情况有所缓解，海产养殖越来越多，而野生捕捞减少了。早在 1999 年，中国的水产养殖数量就超过了野生捕捞。2006 年，中国海产养殖数量超过了海洋捕捞。据联合国粮食及农业组织统计，2014 年全球渔业总产量 1957 亿吨，其中养殖 1011 亿吨，约占比 52%，首次超过野生捕捞。这是好的趋势。

说完渔猎，再说狩猎。该如何看待狩猎的问题呢？

古人狩猎是为满足衣食之需，一方面，生产力低下，获猎有限；另一方面，传统禁忌强调适可而止。所以，够吃够用就行，一般不会过度捕猎。但随着人口的增加，特别是火器发明后，狩猎的力度增强，效率极大地提高，人类可以随心所欲地猎杀各种动物了，以致它们走向灭绝。从大的时空角度看，人类社会的永续发展必须建立在自然生态的永续发展基础上，动物利用，必须秉承有度有节的原则。多年来，随着中国民众动物保护意识的提高，大多数人已经认识到滥杀野生动物、破坏生物多样性是贪婪愚昧的违法行为。

凡事讲究度，过度狩猎应当制止，但合理狩猎就不同了。随着人类对自然事物的肆意干预和过度攫取，一些动物提前走向灭绝或濒危，而另一些动物则因天敌的消失或人为的引种、繁育而种群相对扩大，甚至达到过量的程度。例如，在澳大利亚，原本不存在的兔子一度泛滥成灾，本土的袋鼠数量则因天敌袋狼的消失而失控。此时可以通过合理狩猎，对这些可再生资源进行种群控制。将合理狩猎作为一项户外运动来经营，不仅有助于维护生态平衡，而且经济实惠，还达到了永续利用自然资源的目的，何乐而不为呢？

袋鼠是澳大利亚著名的有袋类哺乳动物之一，后肢健壮，弹跳有力。

动物园

你一定喜欢去动物园玩吧？那么你知道最早的动物园是什么样、未来的动物园可能会变成什么样吗？从动物收藏到动物保护，人们对动物园的态度也在不断发生着变化。

遥远的动物苑囿

古代的皇帝和王公贵族们喜欢从各地收集来珍禽异兽，并把它们圈起来玩赏，像收藏黄金、珠宝一样。他们的这种嗜好成为动物园的滥觞。不过那时的动物们都被关在笼子里，人们并不考虑它们舒不舒服，只考虑如何让观者看得更清楚一些。约公元前 2300 年的一块石圕上，就有关于当时美索不达米亚南部苏美尔的重要城邦乌尔收集珍稀动物的描述，这可能是人类的动物采集行为的最早记载。

约公元前 1500 年，埃及法老苏谟士三世拥有自己的动物收藏。他的继母——女王哈兹赫普撒特还派了一支远征队到处收集野生动物，用大船运回了许多珍禽异兽，包括猴子、猎豹和长颈鹿，还有许多当时人们还不知道怎么称呼的动物。

约 3000 年前，中国周代周文王始建灵圃，筑灵台，就是专供统治者欣赏动物的。那时的动物收藏虽然是统治者权势的象征，但在动物的收集和饲养过程中，人们开始逐渐了解动物和自然，并开始积累驯化动物的知识。

欧洲进入中世纪后，由于教堂的普及和贸易的发展，新的城市不断建立，人们对艺术、教育和自然非常重视，而对搜集动物似乎不是特别感兴趣。直到 13 世纪，动物收藏又开始成为时尚，王公贵族们又开始把动物当成礼品互相交换。一直到 18 世纪，动物一直都是上流社会的玩物，但随着贵族们在世界各地不同地区权势的消退，动物收藏逐渐大众化，这种把搜集来的动物进行展览的行为被称为"Menageries"，我们姑且翻译为"笼养动物园"。这种形式比起那些毫无章法的随意性的动物收集更具有组织性。笼养动物园的目的仅仅是满足人们的好奇心，笼子的设计根本不考虑动物的健康，笼子里除了铁栏杆，什么设施都没有。

16 世纪，西班牙人科尔特斯率军队来到中美洲墨西哥的阿兹特克帝国。当来到阿兹特克的首都特诺奇提特兰时，他们发现自己来到了一个奇异的世界：城市里道路两旁是漂亮的鸟棚，鸟儿在里面唱着动听的歌曲；美洲豹和美洲狮徘徊在青铜做的围栏中；鱼儿在深深的大铜碗中嬉戏；笼子里养着犰狳、猴子和爬行动物，都有人精心照顾着……国王蒙特祖马有着引人入胜的动物收藏，遍布特诺奇提特兰城中。但之后，那里的一切都统统被西班牙入侵者毁灭了。

科尔特斯率军队来到特诺奇提特兰。

琳琅满目的动物令他们震惊不已。

在奥地利维也纳，神圣罗马帝国皇帝弗兰茨一世在1757年送给他的妻子——皇后玛丽娅·特蕾莎一座动物园作为礼物。这座动物园当时就位于今天维也纳西南郊区的申布隆宫，是特蕾莎女皇的避暑离宫。"申布隆"意为"美丽的清泉"，因为这里有股巨大的泉眼，故又名"美泉宫"，所以动物园被命名为美泉宫动物园。据说特蕾莎女皇最喜欢做的事就是在大象、骆驼和斑马群中进餐。

在法国大革命中，国王、贵族们被打倒了，他们的土地和财产被重新分配，各地动物园的动物也被集中到一起，统一安置到巴黎的一个植物园中。1793年，凡尔赛宫中的动物也被送到这个植物园中，因为法国人觉得它们有科学价值，应该保留下来用于科学研究。至此，现代动物园的概念开始萌芽。

美泉宫动物园里的火烈鸟

现代动物园诞生

19 世纪初，经济的发展带动城市的扩张，人们开始考虑建设公园、保留绿地以满足休闲娱乐之需。由于对保护自然的关注和深入了解野生动植物的渴望，动物和植物被一起放到公园里展出。动物园的英文单词"zoo"源于古希腊语，意为"有生命的东西"，进而发展成"zoology"，意思是"研究有生命的东西（动物）的学问"。动物园有了科学研究的功能，和笼养动物园仅有单纯的娱乐功能是不一样的，这是动物园发展史上的一次质的飞跃。

在英国的维多利亚时代，对动物和自然科学的研究气氛非常浓厚，那时也正是英国著名的自然科学家达尔文发表自然选择和进化论的年代。在这一背景下，伦敦动物学会诞生了，学会筹款、筹物、寻找地皮、招募员工，终于在 1828 年，在伦敦的摄政公园成立了人类历史上第一个现代动物园——伦敦动物园。当时成立该动物园提出的宗旨是：在人工饲养条件下研究这些动物以便更好地了解它们在野外的相关物种。英国企图了解他们的殖民地版图上的每一种野生动物，自然博物馆、植物园和动物园成为当时文化的重要组成部分。伦敦动物园成为动物园的典范，开创了动物园史上的新纪元。

20 世纪 60 年代，伦敦动物园的饲养员展示小猎豹。

　　整个 19 世纪，从英格兰到整个欧洲大陆，动物园逐渐普及。当时的城市大多脏兮兮的，所以动物园对于城市居民来说，是一块难得的绿地和休闲娱乐的好去处。动物园成为人们生活中的一部分，成为文化的一部分，歌曲里也开始有动物园的内容。当时动物园里动物的安排次序和目前大多数中国动物园的情形一样，是按动物自然分类进行的。

　　动物园通常是指在人工条件下饲养动物的场所，其几千年来在世界各地的发展变迁反映了人类在文明进步中对动物的态度变化。从囚禁式到场景式，动物园为人类打开一扇窗，提供一个分门别类认识动物的机会。尽管相较于后来的国家公园来说，传统动物园简直是动物的监狱，但它们对博物学的贡献居功甚伟，也为现代自然保护提供了迁地保护的有益尝试。今天的动物园仍然在发展变化，以期满足我们这个不堪重负的星球的严厉要求。由于公众野生动物保护意识的不断增强，未来的动物园必然会发展成自然保护的先锋，那时它的名字将会变成"自然保护中心"。

世界著名动物园

下面我来带你"参观"几个世界著名的动物园。

赫尔辛基动物园位于芬兰附近的科基亚萨利岛上，最早开放于 1889 年，是芬兰国内最大的动物园，占地面积达 22 公顷。赫尔辛基动物园所在的小岛上地形多变，从北极苔原到热带雨林，正好与不同种类动物的原始生活环境相吻合。园内生活着约 200 种动物、1000 种植物，奇异的动植物应有尽有，其中有很多濒临灭绝的物种，以雪豹最为出名。

动物名片

雪豹

拉丁学名：*Uncia uncia*

别　　称：草豹、艾叶豹、荷叶豹、打马热

分　　类：食肉目猫科豹属

分　　布：中国、哈萨克斯坦、蒙古等地

美洲狮喜欢生活在山谷丛林中，跳跃能力很强。主要以野生兔、羊、鹿等为食。

伯利兹动物园成立于 1983 年，位于中美洲国家伯利兹。该动物园现在已经成了受伤野生动物的庇护所和康复中心，同时也是许多受虐及被遗弃的宠物的家。伯利兹动物园拥有很多本土动物，园中还有 5 种不同种类的野生猫科动物，它们都是生活在玛雅山脉热带雨林深处的物种，分别是美洲虎、长尾虎猫、美洲虎猫、豹猫以及美洲狮。

伍珀塔尔动物园位于德国伍珀塔尔市西部地区，是一家历史悠久的动物园。最初建立的时候园内仅有 34 只动物，其中有一对狼和一头熊，之后动物园逐年发展壮大。发展至今，伍珀塔尔动物园的占地面积已扩大至 24 公顷，圈养着约 5000 只来自世界五大洲的各类动物，包括约 500 个品种，无论是天上飞的、地上跑的，还是水里游的，你都能在园内看到。园内植被繁茂，最大限度地模仿动物的自然生存环境。其中，园内最值得观看的有老虎、狮子、猴子、大猩猩、大象、貘、北极熊、企鹅和热带鸟类等。

此外，还有瑞士的巴塞尔动物园、美国圣地亚哥动物园、美国国家动物园、莫斯科动物园、南非国家动物园等众多著名且有特色的动物园，在这里无法一一为你介绍，有机会的话，请你亲自去看看吧。

动物园的反思

　　透过动物园，我们可以感知人类与自然复杂关系的每一个层面：排斥和迷恋；利用、支配和理解的愿望；对多种生命形式的复杂性和特异性的认识；等等。这个微观世界的故事与波澜壮阔的殖民主义、民族中心主义和自然探索并行史有关，与文明进程对道德和行为的影响有关，与博物馆这样的纪念场所的诞生有关，与社会行为的复杂化有关，也与休闲活动的发展变迁有关。观览动物园的兽笼就是理解催生这些兽笼的人类社会。

　　动物园是人类妄图征服自然的产物。从动物园的沿革看，初期的动物园只是满足少数人的收藏嗜好。对公众开放后，人们也仅把动物作为娱乐对象，搞好服务使游人满意，使经营者获利，这是初期修建动物园的目的。过去，很多人以为，到动物园就是休闲娱乐，看到越多种类的、越珍奇的动物就越高兴，于是传统的动物园便投其所好地以收藏更多种、更多数量

185

的动物为目标。

随着社会文明程度的提高，动物园开始重视科普教育，特别是生物知识的传播，动物园分门别类的动物布置，正好可以方便大家，尤其是孩子们的认知。随着生态道德的觉醒和伦理范围的进一步扩展，越来越多的人认识到，把动物禁闭在动物园的铁笼中是不道德的事。动物园关的动物越多，就意味着自然界背井离乡、"妻离子散"的动物越多，人类为地球生灵制造的苦难就越深重。

尽管动物园的管理理念已在发展中从单纯收藏动物转变为迁地保护、人工繁育、地理再现、生态模拟，并开始致力于动物福利的改善、动物环境的增容，但如何既维护动物的生命权利，又借动物园感化公众，提升全社会的生态道德观，依然是现代动物园亟待解决的问题。

据说，在英国的一个很现代的动物园，其象房展示的是他们饲养过的最后一头非洲象的标本，而不再是活生生的大象了。你可能觉得，这样做是对游客的糊弄，但看过解说牌或听完讲解，便会豁然开朗地产生认同感，甚至转而赞赏动物园先进的理念：大象是一种感情非常丰富的动物，它们本来就该体面地生活在非洲草原，而非猥琐地被囚禁在这样的笼舍。大象如此，其他动物又何尝不是呢？

不养动物的动物园

　　我原来在北京濒危动物驯养繁殖中心饲养黑猩猩，由于很多笼舍是空的，参观者总爱问："这里的动物哪儿去了？"我便生出一个灵感，在这些空荡荡的笼子上挂起一个个木牌，上边写着灭绝了的鸟兽的名字和年代以及灭绝原因。这样，既向观众做了一个交代，又不失时机地进行了一种特殊的教育：反省人与动物的关系。后来，这个创意逐渐演化成专门辟出一块地方做成世界灭绝动物公墓，后来我调到麋鹿苑工作，也将这些创意带到麋鹿苑并有所拓展。我把动物的名字刻在石碑上，按照年代排成一列长长的"多米诺骨牌"。灭绝物种的石碑已砰然倒下，濒危物种是将倒未倒，现存物种的石碑则是立着的，其中一块写有"人类"。这就是麋鹿苑作为一个特殊动物园所发挥的生态道德的教化作用。

　　我常常说，我希望把麋鹿苑建成一座不养动物的动物园。动物园不养动物养什么呢？我们养护的是生态。生态维持的是生物多样性。由于我们养护了这里的林地、湿地、草地，很多鸟兽爬虫才得以在这里生息、繁衍、出没，除了麋鹿，还包括我们特意投放到这千亩苑区的一些动物，如狍子、黄麂、牙獐、白鹳、孔雀、天鹅、雉鸡等，它们大多是以自由觅食的形式存活着。还有野兔、刺猬、黄鼬、鼹鼠等本土动物在这里世代生息，数十种候鸟把这里作为迁徙驿站和繁殖场所。我们不像传统动物园那样把动物关在小小的笼舍里喂养，而是养护着偌大的苑区——保护核心区。我们遵循的原则是首先顾及动物福利，然后照顾游人利益。

动物名片

狍

拉丁学名：*Capreolus pygargus*

别　　称：狍鹿、野羊等

分　　类：偶蹄目鹿科狍属

分　　布：中国

北京麋鹿苑里的麋鹿群

　　除了自然的生态环境，麋鹿苑里还有许多关于动物的科普设施，介绍相关的格言警句、文化、民俗、传统护生诗文等。这里堪称一座"动物主题园"，不仅有自由生活的动物，更具备了动物园应有的教化功能。

动物名片

刺猬

拉丁学名：*Erinaceus amurensis*

别　　称：猬鼠、毛刺、刺球子等

分　　类：猬形目猬科猬属

分　　布：中国

第12封信

动物与人那些事

保护
动物

- 保护自然地
- 建立小荒野
- 野生动物保护新规定
- 不能乱吃、乱养、乱放生
- 世界动物福利

德国学者阿尔贝特·施韦泽在《敬畏生命》一书中指出："善是保持生命、促进生命，使可发展的生命实现其最高的价值；恶则是毁灭生命，伤害生命，压抑生命的发展。"我们要惩恶扬善，还自然以自在，还生命以生机。

世界动物福利

世界动物保护协会宣布《世界动物福利宣言》作为所有民族和国家应达到的共同标准。

世界动物福利宣言（节选）

认识到动物是活的、有感受力的生命个体，理应得到我们特别的关心与尊重。

认识到人类同其他的物种以及其他形式的生命共享这个星球，所有形式的生命在一个相互依赖的生态系统里共存。

认识到尽管人类的各个社会在社会、经济和文化上存在显著差异，但是每个社会都应该在一个人道的和可持续的基础上发展。

承认许多国家已经有了一个保护家养和野生动物的法律体系。

谋求保证这些体系持续有效，并且发展更好、更全面的动物福利条款。

不论国内社会还是国际社会，都应努力推动人们遵守这些原则，使这些原则获得人们共同有效的认同与评价。

国际社会还提出了动物的"五项基本福利"，或称"五大自由"，从生理、环境、卫生、行为和心理五个方面保护动物。但这五项福利主要针对的是饲养动物，那么对待野生动物，我们该采取何种态度与方式呢？

为动物提供适当的清洁饮水以及保持健康和精力所需要的食物。

为动物提供适当的房舍和栖息场所，使其能够舒适地休息和睡眠。

为动物做好防疫，预防疾病，给患病动物及时诊治。

为动物提供足够的空间、适当的设施以及让它们与同类动物伙伴在一起。

保证动物拥有良好的条件和处置（包括宰杀过程）。

不受饥渴之苦

不受困顿不适之苦

不受疼痛、伤病之苦

自由表达正常的习性

不受恐惧和精神上的痛苦

五项基本福利（五大自由）

不能乱吃、乱养、乱放生

不能乱吃野味、乱养野生动物的原因，我想你比较好理解。野生动物都是未经检疫的病菌携带者，随便进食或饲养，容易染病。捕食野生动物会破坏相生相克的食物链，打破生态平衡，甚至导致物种灭绝，使基因库丧失珍贵的"种子"，危及后人，还会助长腐败之风，并且对儿童心理造成负面影响，使其形成残忍嗜杀的潜意识。

乱养野生动物不仅违法乱纪，也易招致各种疾病，如野鸟作为病原体的携带者，会把许多人禽互感的病原体传给人类，导致哮喘、鹦鹉热、沙门氏菌感染症、禽流感等疾病。鸟儿属于大自然，被锁入樊笼，如同囚犯身陷囹圄，人们只为满足个人占有欲，实在残忍无情，也摧残了大自然的天然美景。而且，鸟类是昆虫的天敌，把鸟都关起来，会造成鸟少虫多，生态失调，农林失去天然"医生"的庇护，易受灾害。

乱吃、乱养是坚决不行的，而放生听起来是把动物放归大

自然，为什么也要当心呢？

中国古人就有放生善举，《赵简子元旦放生》记载了春秋末期晋国卿大夫赵简子放生的故事："邯郸之民，以正月之旦献鸠于简子。简子大悦，厚赏之。客问其故。简子曰：'正旦放生，示有恩也'……"赵简子在元旦时将猎物放生，表示对猎物的恩德。佛教传入中国后，在隋代天台宗智者大师的倡导下，放生活动蔚然成风。如今，佛教界高僧大德无不提倡"慈悲护生，合理放生"，培养慈悲怜悯之心，重视珍爱生命的教育，宣扬生态环保理念。

进行放生的一般有两种人，一种是信教人士，一种是动物保护工作者。将动物放归的自然之举一般是值得肯定的，但如所放动物不是本土的物种，则不适宜。

　　我们是根据季节、产地、生活习性和物种特征来决定放生尺度的，根本原则是保证放生的效果：既让所放生的野生动物保活而非放死，又不影响本地原有物种的延续和生态和谐。所以要科学放生，不能只图个人心理安慰随意放生。

　　放生不当会导致种种不良后果，如放生危险动物会危及人类生命安全，将动物放生到不适宜之处会令其难以存活，放生外来物种会带来疫病或导致本土物种灭绝，商业性放生会催生抓捕贩卖行为等。

　　以巴西龟为例。巴西龟又称巴西红耳龟、七彩龟、麻将龟等，是世界上饲养最广的一种爬行动物。它们的原产地位于密西西比河流域，主要分布于美国及中美洲的一些国家和地区。巴西龟生性活泼、好动，但胆子较小，对声音、振动反应灵

敏。幼龟的性情较温驯，人们可随意将其拿在手中把玩，但幼龟一旦长大就开始变得较具攻击性，会攻击打扰者，虽没有鳄龟凶猛，但咬到人也会造成皮肉伤。巴西龟属偏肉食的杂食性龟类，几乎什么都吃。

巴西龟已经被世界自然保护联盟列为世界最危险的 100 个外来入侵物种之一。外来入侵物种会造成极大的危害，它们会压制本地物种，危及本地物种的生态环境，破坏生物多样性，还会造成巨大的经济损失和其他潜在损失，如它们能改变土壤状况和水文循环，改变本地群落基因库结构，甚至影响人类社会和文化等。

中国曾大量养殖巴西龟，在各地的自然水体中都可见。巴西龟不挑食、环境适应力强、繁殖力强，很容易泛滥成灾。它们不仅会严重威胁本地龟的生存，破坏生态资源和生态平衡，还会传播沙门氏菌等病菌。巴西龟对中国自然环境的破坏难以估量，因此，绝对不可以随意放生巴西龟。

⟩ 野生动物保护新规定

在新冠肺炎疫情影响下，中国关于野生动物保护的法律法规在不断完善。2020年2月3日，习近平主席在中央政治局常委会上指示："有关部门要加强法律实施，加强市场监管，坚决取缔和严厉打击非法野生动物市场和贸易，坚决革除滥食野生动物的陋习，从源头上控制重大公共卫生风险。要加强法治建设，认真评估传染病防治法、野生动物保护法等法律法规的修改完善，还要抓紧出台生物安全法等法律。"

2020年2月24日，第十三届全国人民代表大会常务委员会第十六次会议通过了关于全面禁止非法野生动物交易、革除滥食野生动物陋习、切实保障人民群众生命健康安全的决定。

现行的野生动物保护法关于禁食的法律规范，仅限于国家重点保护野生动物和没有合法来源、未经检疫合格的其他保护类野生动物。这个决定在野生动物保护法的基础上，以全面禁止食用野生动物为导向，扩大法律调整范围，确立了全面禁止食用野生动物的制度。对违反现行法律规定的，要在现行法律基础上加重处罚，以体现更大的管理和打击力度。

简单说，就是禁食野味，违法严惩！当然，要正确理解全面禁食野生动物，对此，全国人大法工委做了补充解释：鱼类等水生野生动物不在禁食之列；比较常见的家畜、家禽以及人工养殖利用时间长和技术成熟的动物，依照畜牧法、动物防疫法等法律法规管理；对科研、药用、展示等非食用性利用的动物，应按照国家有关规定实行严格审批和检疫检验制度。

根据野生资源的变动情况和最新的研究成果，《国家重点保护野生动物名录》也将进行调整，修订"三有"动物，即"国家保护的有重要生态、科学、社会价值的陆生野生动物"名录。2020年6月，国家林业和草原局、农业农村部向社会公开征求名录调整的意见。这次名录调整坚持濒危性原则、珍贵性原则、相似性原则、预防性原则、兼容性原则和关注度原则，举个例子，黄河水系的北方铜鱼是中国重要的水生生物资源，具有很高的渔业经济价值，因栖息地生境破坏已极其濒危，本次在名录中被列为一级保护动物；中华凤头燕鸥、长江江豚等被《IUCN红色名录》列为极危物种，本次调整考虑将其升级或新增为国家一级保护物种。

川金丝猴又称仰鼻猴，喜欢群居，
为中国国家一级保护动物。

❯ 建立小荒野

　　荒野是未受人为干扰和较少人工改造的自然"本底"。"荒野"一词有野生物种不受人类管制和约束的含义，荒野是一种充满多样性、原生性、开放性、和谐性、偶然性、异质性、自愈性、趣味性的野趣横生的自然系统。在进化的时间尺度上，荒野是唯一在物种丰富度上接近自然水平的地域。荒野为众多野生物种提供了庇护场所，是生物多样性遗传信息的储存库。一些军事禁地、保护区、国家公园及国界无人区均形成了很地道的荒野。

　　一个地方能否有野生近邻的生存，不仅是该地生态质量好坏的标志，也是衡量民情世风、生态道德及生存质量优劣的一种尺度。爱护动物是社会文明的体现，保护环境是持续发展的需要。毕竟，只有保证大千世界生物的多样性，才有人类生活和谐永久的稳定性。

　　这颗星球上的宝贵荒野，不仅属于当代，还为后代保留选择机会，即为永续发展之用；不仅属于人类，还是万物的家园，而万物构筑的生命共同体，也是人类生存之基，这就是荒野的价值。荒野才是野生动物真正的家！

在你的身边同样也有并且应该有荒野，它们虽然不够地道，但依然是保护动物、保护生态系统的有益尝试，比如城市公园、校园保护区等。

2019 年春天，我在广东省珠海市讲课时曾去过一处市内荒野——吉大水库。当我独自置身其中，简直感觉来到了都市绿岛，远山传来噪鹃的鸣叫，被我摄录下来。那里毫无城市中车水马龙的嘈杂。作为寸土寸金的大城市，能保存荒野，留白增绿，是一项重大的公益和普惠工程。

前不久，中央电视台的一个栏目邀我做节目，编导先提出了一个有关校园动物保护的方案，其中一个实践活动是"为小鸟挂巢箱"。我提出异议，不要自以为是地给鸟做窝，要想真正在校园提供便于野生动物栖息之所，就打造一片小荒野——一处小小的自然地，用围栏围起来，有自然的土壤和水体，植被多样，枯枝烂叶切莫清理，杜绝一切人为干扰，我们的作为就是观察记录。相信不久，这里就会发生生命的奇迹，有草，有树，有虫，有鸟，甚至有兽出没。你要不要试试看呢？

> # 保护自然地

在自然保护措施中，有一种保护形式称为保护小区，中国江西省上饶市婺源县为保护鸳鸯、白腿小隼、中华秋沙鸭，特别是靛冠噪鹛，就设置了一系列的保护小区，卓有成效。

我曾在印度见过一处城市中的湿地，虽是半亩方塘，却生机盎然。因为湿地周围是类似苏州园林的花墙，人进不去，但可以凭窗观赏。由于避免了人为干扰，那里水草茂盛，鱼翔浅

动物名片

噪鹃
拉丁学名：*Eudynamys scolopaceus*
别　　称：嫂鸟、鬼郭公、哥好雀、婆好
分　　类：鹃形目杜鹃科噪鹃属
分　　布：孟加拉国、柬埔寨、中国等地

底，鸟来鸟去，远近适当，极其适合拍照，达到人鸟两相宜的境界。类似的小湿地、小土丘、小灌丛、小荒野，可以营造于每个公园、每个学校、每个社区、每个街道、每个大院。城市生物多样性恢复有望，且事半功倍，我们何乐而不为呢？

保护动物，关键在于保护其栖息地。从国际视野看，建立栖息地，是公认的人与动物言归于好的途径。1872年，美国的黄石国家公园在法律保障的基础上横空出世，成为美国人对人类的一大贡献。而黄石国家公园的最大贡献是妥善而有效地保护了野生动物。美国不仅有黄石国家公园，还至少200处物种保护区。世界各地的保护区也有很多：法国人建立了卡玛格湿地自然保护区、布列塔尼北部海岸的鸟类保护区；意大利人修建了格兰帕拉迪索国家公园；波兰人致力于保护欧洲野牛生活的森林；希腊人使奥林匹斯山成为保护区；瑞士人建立了瑞士国家公园；加拿大有加拿大国家森林公园……

大自然对人类具有亘古不变的价值。法国博物学家布封就曾感慨："假如没有动物世界的教训，人类也许会比以前更加不可理喻。"保护自然，保护动物，是社会文明的重要象征。杰克·伦敦等一批作家的呼吁，使海豹等动物的生存受到关注。1948年10月，第一届世界自然保护大会在法国枫丹白露举办，共有18个政府、7个国际组织和107家地方性保育组织

美国黄石国家公园主要位于美国怀俄明州，是世界上最大的火山口之一，拥有世界上面积最大的森林之一。

代表参会，创立了世界自然保护联盟，致力于保护全球自然资源，拯救濒危动植物。

在肯尼亚的内罗毕国家公园的入口处，镌刻着一段名言："今天生活在我们身边的动物，并不为我们所有，我们没有资格随意消灭它们，我们要有信心有良心为后人着想。"有了栖息地，有了保护区，有了国家公园，有了荒野地，才能真正实现人与动物相伴永远。